节气宝贝
国学探索系列

GEI HAIZI DE
JIEQI YOUSHENGSHU
CHUN

给孩子的节气有声书

春

节气宝贝 / 编绘

化学工业出版社
·北京·

二十四节气蕴藏着中国古人洞悉天地的智慧和感悟，揭示了大自然的无限奥秘，包括季节变化、温度变化、降水变化、物候现象。对于2～6岁的孩子来说，感知自然，与自然融洽相处，建立起一种稳定的精神链接，是孩子认识世界、认识自己的第一步。

这里有通俗易懂的节气知识；

这里有清新可爱的节气插画；

这里有优美动听的节气儿歌；

这里有轻松有趣的节气故事；

这里有精心选取的与节气相关的古诗和谜语；

这里有特别设置的新颖好玩的手工和绘画。

《给孩子的节气有声书》，让孩子在探索二十四节气的过程中，全方位感受中华民族传统文化的博大精深，了解自然规律和生命哲学，开启国学启迪和艺术启蒙，并以此激发小朋友的好奇心和想象力，引导孩子热爱自然、热爱生活！

图书在版编目（CIP）数据

给孩子的节气有声书. 春 / 节气宝贝编绘. —北京：化学工业出版社，2020.1

（节气宝贝国学探索系列）

ISBN 978-7-122-35545-4

Ⅰ．①给… Ⅱ．①节… Ⅲ．①春季－儿童读物 Ⅳ．① P193-49

中国版本图书馆 CIP 数据核字（2019）第 238371 号

责任编辑：崔俊芳　　　　　　　　　　　装帧设计：史利平
责任校对：边　涛

出版发行：化学工业出版社（北京市东城区青年湖南街 13 号　邮政编码 100011）
印　　装：北京宝隆世纪印刷有限公司
787mm×1092mm　1/16　印张 14　字数 196 千字　2020 年 5 月北京第 1 版第 1 次印刷

购书咨询：010-64518888　　　　　　　售后服务：010-64518899
网　　址：http://www.cip.com.cn
凡购买本书，如有缺损质量问题，本社销售中心负责调换。

定　　价：69.00 元

写在前面的话

　　二十四节气是中国人通过观察太阳周年运动，认知一年中时令、气候、物候等方面变化规律所形成的知识体系和社会实践。中国古人将太阳周年运动轨迹划分为 24 等份，每一等份为一个节气，统称"二十四节气"，包括：立春、雨水、惊蛰、春分、清明、谷雨、立夏、小满、芒种、夏至、小暑、大暑、立秋、处暑、白露、秋分、寒露、霜降、立冬、小雪、大雪、冬至、小寒、大寒。在国际气象界，二十四节气被誉为"中国的第五大发明"。

　　2016 年 11 月，二十四节气被列入联合国教科文组织人类非物质文化遗产代表作名录。

　　二十四节气的每个节气都蕴藏着中国古人洞悉天地的智慧和感悟。它揭开了大自然的无限奥秘，包括季节变化、温度变化、降水变化、物候现象，引领人们辨春花、探夏虫、赏秋叶、看冬雪等。大自然是这样多姿多彩、和谐生动，引导孩子回归自然、关注本真，何尝不是在唤起孩子心中至真至美的感受，让他们在感知大自然中懂得这个世界的美好。

　　立春之际，蛰居的虫儿慢慢苏醒，鱼儿缓缓游动；雨水润物细无声，树梢的枝叶开始抽出嫩芽；夏季蝉鸣，秋季丰收，冬季蛰伏……四季轮回，时间更替，引导孩子拥有对规律的认知，所以更加自信和向上。对于 2 ~ 6 岁的孩子来说，感知自然，与自然融洽相处，建立起一种稳定的精神链接，是孩子认识世界、认识自己的第一步。

　　有着两千多年历史的二十四节气，如同给了我们一幅探寻文化宝藏的时空图，包含着自然的奥秘、时间的奥秘、生命的奥秘；中国二十四节气更是中华民族传统文化的结晶，属于全人类的非物质文化遗产，每一个节气背后的故事与习俗都有着独特的韵味，值得人们深入其中去探寻。相信这个充满趣味的节气世界，会在孩子的成长路上留下很多美好，伴随他们快乐成长。

　　节气宝贝在这里，等待着和大家一起去探索！

目录

二十四节气歌

春雨惊春清谷天
夏满芒夏暑相连
秋处露秋寒霜降
冬雪雪冬小大寒

扫码唱童谣

立春

立春一般在每年的 2 月 4 日前后，是二十四节气中的第一个节气。立春就是春天的开始。立春之后，天气一天天变暖，万物渐渐复苏。在洞穴里沉睡了一冬的冬眠虫子，也感受到了春天的气息，动一动身体，快要醒来啦！

识物候
shí wù hòu

三候为一个节气
五日为一候

第一候：东风解冻

　　立春后，东风送暖，大地解冻。

第二候：蛰 [zhé] 虫始振

　　冬眠的虫子逐渐醒了过来。

第三候：鱼陟 [zhì] 负冰

　　水面的冰还没有完全融化，在岸上观看，就像鱼儿背着冰块在游动。

洞中苏醒

扫码听故事

寻找立春宝宝

猜一猜

头上长着千条辫，
迎风摆舞在岸边。
（打一植物）

3

二十四节气歌之立春

1=C 4/4

```
1    1·1 1  5  | 3 3 2 1 2  -  | 5↘ 5  3 2  3⌐3  - -  2 3
可   爱 的 触 角    圆 圆 的 脑 袋      柔 软 的 身  体        我 们
```

```
4    4 3 4 6·  | 5 6 5 5↘ 3 3 | 4  3  4 6  5⌐5  -  X X X X
是   节 气 宝 贝    一 起 去 探 索    节 气 的 秘  密        密 哒 密 哒
```

```
6   6  6 5 4 6 | 5  5  5 4 3 5 | 4·  3 2  1 | 5 5 5 5 6  5
东   风 送 来 温暖 唤 醒 沉睡大地 节  气 宝 贝   这 是 什么 节 气
迎   春 神 吃 春饼 大 家 欢欢喜喜 节  气 宝 贝   这 是 什么 节 气
```

```
6·   5 4  - | 4  3  2  1 | 5  - - - | 5  - - - :|
是   立 春    春 回 大  地   地
是   立 春    一 年 之  计   计
```

扫码唱童谣

咏柳
yǒng liǔ

【唐】贺知章

碧玉妆成一树高，
bì yù zhuāng chéng yí shù gāo

万条垂下绿丝绦。
wàn tiáo chuí xià lǜ sī tāo

不知细叶谁裁出，
bù zhī xì yè shuí cái chū

二月春风似剪刀。
èr yuè chūn fēng sì jiǎn dāo

赏析

高高的柳树长满了翠绿的新叶，轻柔的柳枝垂下来，就像万条轻轻飘动的绿色丝带。这细细的嫩叶是谁的巧手裁剪出来的呢？原来是那二月里温暖的春风，它就像一把灵巧的剪刀。

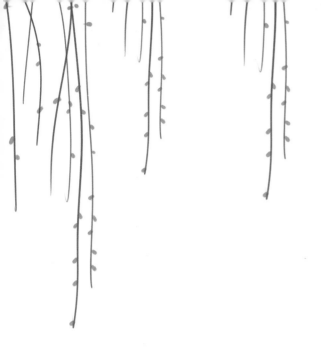

jié qì yuán
节气园

　　立春这天，人们有在门窗上贴"春"字的习俗，表示迎春的心愿。小朋友们，在这春天到来之际，让我们一起动动小手，剪一个"春"字，画一个灯笼，涂上漂亮的颜色，共同迎接春天吧！

活动目标

（1）简单了解剪纸的艺术特点，知道剪纸是中国最有特色的民间艺术之一。
（2）培养幼儿的手眼协调能力，锻炼手部的小肌肉群，发展精细动作。

★☆工具☆★　　正方形彩纸、儿童剪刀、笔

1 把正方形的纸对折，然后画上"春"的纹样。

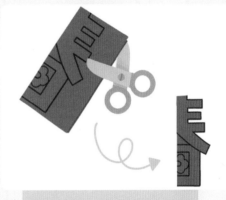

2 先剪掉春字外部多余的部分。

3 再剪掉其他多余部分。

4 打开，漂亮的"春"字就剪好了。

❀ 小贴士：
　　在孩子使用剪刀前，家长应告诉孩子如何正确地使用、摆放剪刀，以免剪刀伤到孩子。

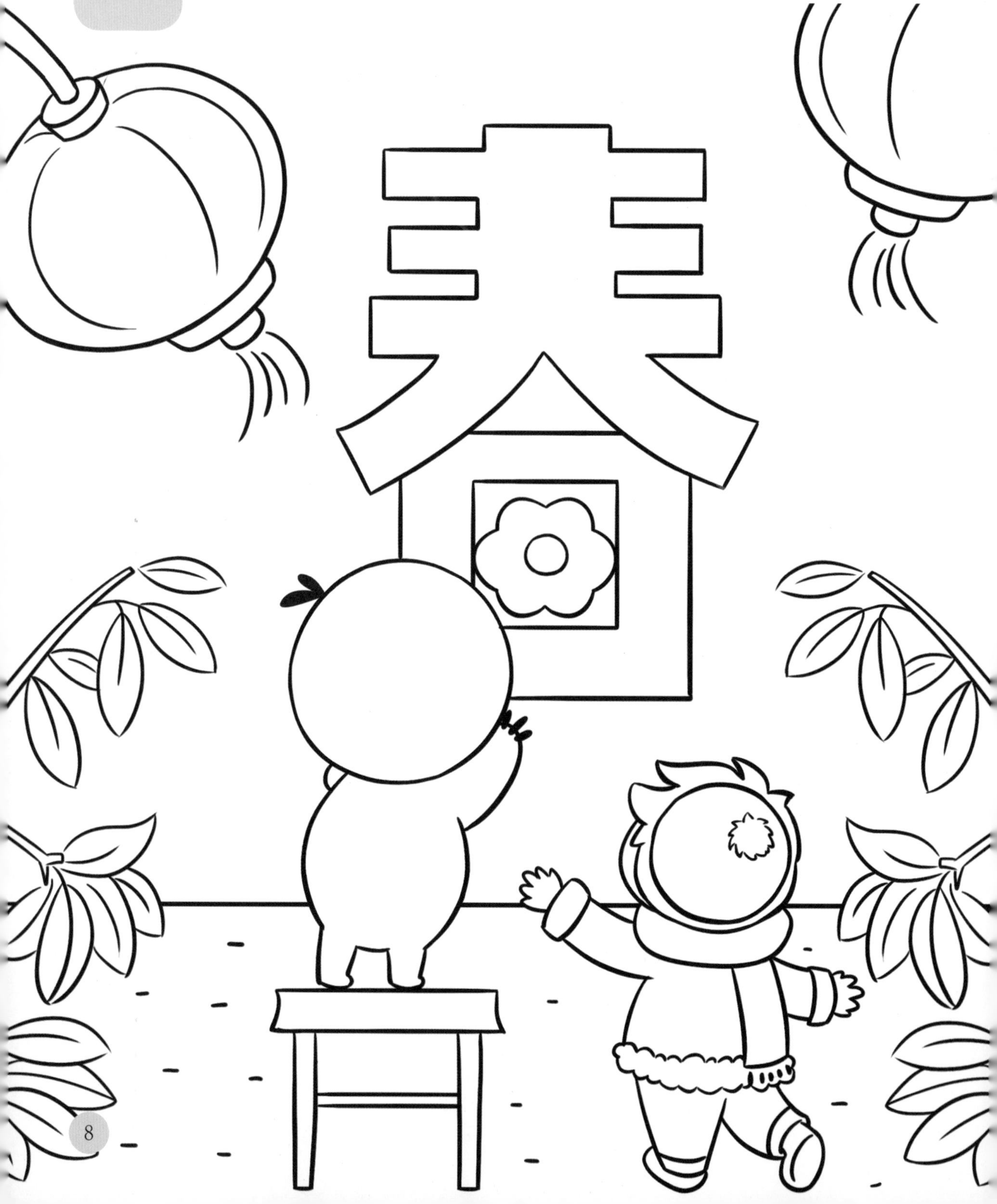
春

1

2

3

4

雨水

雨水

zhī jié qì
知 节 气

　　雨水，一般在每年的 2 月 19 日前后。从这一天开始，天气回暖，冰雪融化，降雨增多，我们能够明显地感受到春天的气息。雨水时节，天气忽冷忽热，应注意保暖，不急于脱减衣物。

识物候
shí wù hòu

三候为一个节气
五日为一候

第一候：獭 [tǎ] 祭鱼

　　水獭把捕获的鱼整齐地摆在岸边，好像在祭祀一样。

第二候：候雁北

　　春天来了，在南方过冬的大雁，成群结队地飞回北方。

第三候：草木萌动

　　在春雨的滋润下，柳树冒出嫩嫩的绿芽，小草也从泥土里钻了出来。

水獭捕鱼

扫码听故事

好雨知时节

猜一猜

家在湖泊海洋，常在高空飘荡。

春夏来到人间，滋润草木生长。

（打一自然现象）

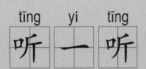

二十四节气歌之雨水

1=C 4/4

```
0. 5│3    34 53 2  2 17│1 1  1 2  3 3    3 23│
宝贝     我和你奔 跑   在渐 沥沥 的雨天      用温
```

```
2    23 1 1    1 65│6. 1  1 2  3 2    2. 5│
和     的笑 容     把周 围 的风景 装点      宝
```

```
3    34 53 2  2 17│1    1 2  3 3    3 11│
贝     我和 你坐 在 下雨天   的屋 檐      听听
```

```
6. 6 6 5 6 5    5 23│4 44 4321 1    1. 1│
春 雨 绵绵     细数 这青葱的季节      宝
```

```
i    7 15 5    5 35│6 66 66 5 6 5    5 35│
贝     我和你   一起 在温暖的雨天      留下
```

```
6 6 5 6.  3. 23│4 4 56 5  23 2│1 - - :‖
美 好 的瞬 间宝贝 我会陪 你到永 远
```

扫码唱童谣

12

春夜喜雨
chūn yè xǐ yǔ

[唐]杜甫

好雨知时节，当春乃发生。
hǎo yǔ zhī shí jié　dāng chūn nǎi fā shēng

随风潜入夜，润物细无声。
suí fēng qián rù yè　rùn wù xì wú shēng

野径云俱黑，江船火独明。
yě jìng yún jù hēi　jiāng chuán huǒ dú míng

晓看红湿处，花重锦官城。
xiǎo kàn hóng shī chù　huā zhòng jǐn guān chéng

赏析

　　春天是万物萌芽生长的季节，正需要雨水，雨就下起来了。这是多么好的雨啊！伴随着春风，在夜晚就悄悄地下了起来，无声地滋润着万物。浓浓乌云笼罩田野小路，唯有江边渔船上的一点渔火放射出一线光芒，显得格外明亮。等天亮的时候，那潮湿的泥土上必定布满了红色的花瓣，锦官城的大街小巷也一定是一片万紫千红的景象。

13

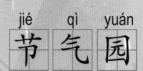

节气园

春天是一个充满生机的季节，冰雪开始慢慢融化，迎春花——这位春天的使者开始绽放笑脸。在这个美好的季节里，让我们一起走近雨水节气，寻找春天的足迹。小朋友们，请仔细观察一下春天里还有哪些花，并动动小手制作迎春花，装饰你的家，感受春的气息。

活动目标

（1）引导幼儿观察和感知大自然的美好现象，了解春天是生长的季节。
（2）培养幼儿的欣赏能力、审美能力、发现美的能力。

★☆工具☆★　　无纺布、针线包、干树枝

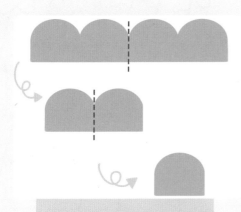

1 首先将无纺布剪裁成花瓣的样式，然后对折。

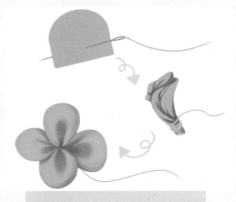

2 用针线把花瓣穿起来，缠绕固定，然后打开花瓣，手工花朵就形成了。

3 重复上面的步骤，多做几朵花。

4 将花朵用棉线缠绕到干树枝上，美丽的迎春花就做好了。

✿ 小贴士：
小朋友应在家长的辅助下使用针线，使用后家长应及时将针线包放回孩子不易触碰的地方。

1

2

3

4

画一画

惊蛰

知节气
zhī jié qì

　　惊蛰一般在每年的 3 月 6 日前后。在惊蛰到来之前，冬眠的动物处于沉睡状态，不饮不食，藏于洞穴之中。惊蛰时节，常有雷雨，天气渐渐回暖，冬眠的动物逐渐苏醒。

识物候
shí wù hòu

三候为一个节气
五日为一候

第一候：桃始华

桃花绽放在春风里。

第二候：仓庚鸣

黄鹂像是春天的使者一样，用悦耳的歌声传播春天的信息。

第三候：鹰化为鸠 [jiū]

鹰躲起来繁育后代。

桃花

扫码听故事

惊蛰到，万物动

猜一猜

乌云里面把身藏，不知它是啥模样。
下雨最爱发脾气，轰轰隆隆漫天响。

（打一自然现象）

19

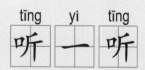

听一听

二十四节气歌之惊蛰

1=D $\frac{4}{4}$

$\underline{5\ \ 6}\ \ \underline{5\ \ 5}\ \ 5\ |\ \underline{5\ \ 6}\ \ \underline{5\ \ 5}\ \ 5\ |\ 3\ \ 5\ \ 5\ \ 3\ |\ 2\ \ 3\ \ \underline{2\ \ 2}\ |$

哎 哟 哟　　哎 哟 哟　　寒 冬 过 去　春 天 到

$\underline{1\cdot\ \ 2}\ \ 3\ \ 5\ |\ 3\ \ 2\ \ \underline{1\ \ 1}\ |\ \underline{5\ \ 6}\ \ \underline{5\ \ 5}\ \ 5\ |\ \underline{5\ \ 6}\ \ \underline{5\ \ 5}\ \ 5\ |$

是 谁 打 鼓　轰 隆 隆　哎 哟 哟　　哎 哟 哟

$3\ \ 5\ \ 5\ \ 3\ |\ 2\ \ 3\ \ \underline{2\ \ 2}\ |\ 3\ \ 5\ \ 5\ \ 3\ |\ 1\ \ 2\ \ \underline{1\ \ 1}\ |$

小 虫 醒 来　揉 揉 眼　　是 谁 打 鼓　轰 隆 隆

$\underline{5\ \ 6}\ \ \underline{5\ \ 5}\ |\ \underline{5\ \ 6}\ \ \underline{5\ \ 5}\ |\ 3\ \ 5\ \ 5\ \ 3\ |\ 2\ \ 3\ \ \underline{2\ \ 2}\ |$

哎 哟 哟　　哎 哟 哟　　春 雷 打 鼓　轰 隆 隆

$3\ \ 5\ \ 5\ \ 3\ |\ 1\ \ 2\ \ \underline{1\ \ 1}\ |\ 6\cdot\ \ 1\ \ 1\ \ 6\ |\ 5\ \ -\ \ 3\ \ 2\ |$

动 物 宝 宝　被 叫 醒　　大 家 见 面　闹　哄

$1\ \ -\ \ -\ \ -\ |\ 1\ \ 0\ \ 0\ \ 0\ \ :\|$

哄

20

春晴泛舟
chūn qíng fàn zhōu

[宋] 陆 游

儿童莫笑是陈人，湖海春回发兴新。
ér tóng mò xiào shì chén rén　hú hǎi chūn huí fā xīng xīn

雷动风行惊蛰户，天开地辟转鸿钧。
léi dòng fēng xíng jīng zhé hù　tiān kāi dì pì zhuǎn hóng jūn

鳞鳞江色涨石黛，嬝嬝柳丝摇麹尘。
lín lín jiāng sè zhǎng shí dài　niǎo niǎo liǔ sī yáo qū chén

欲上兰亭却回棹，笑谈终觉愧清真。
yù shàng lán tíng què huí zhào　xiào tán zhōng jué kuì qīng zhēn

赏析

春天来了，万物一新，诗人在湖上泛舟，有点感慨自己年纪大了。惊蛰时节，春雷阵阵，唤醒了春风和细雨（作者自注：前一日闻雷）。整个宇宙就像天地初开的时候，是一番新的气象。波光粼粼的江水上涨，淹没了黑色的礁石。嫩黄纤柔的柳枝摇摆，色淡如黄尘。诗人本想上岸去亭子里，却又划起了船桨，觉得这么美好的景色，如果不好好享受真是浪费。

21

节气园

"轰隆隆一轰隆隆一"一声春雷惊醒了冬眠的动物们，同时也唤醒了春风与细雨，天气逐渐变暖，万物开始复苏，大地呈现出一派生机勃勃的景象。惊蛰时节十分适合种植，农民伯伯常把惊蛰视为春耕开始的日子。小朋友们，让我们也尝试种出可爱的绿色植物吧，和它们一起在春天里茁壮成长。

活动目标

（1）惊蛰时节，和爸爸妈妈一起种绿植，体会生命的奇妙。

（2）培养幼儿的责任感，让幼儿勇于承担责任。

★☆工具☆★　　葱根、花盆、营养土、洒水壶

1 首先将新鲜的小葱去叶留根。注意不要损伤根部，泥土也不用清洗。

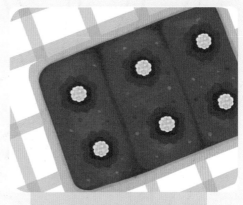

2 准备好花盆和土，并挖好小坑，把葱根埋进去。

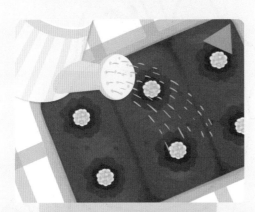

3 覆土后轻轻用手压平，然后均匀地洒水。

4 放置在有阳光的地方，一个星期左右，葱根就长出新芽来了。

❀ 小贴士：

除了小葱，还有白菜、萝卜、芦荟、吊兰、多肉等，用这种方法种植，都很容易成活。

1

2

3

4

画一画

春分

知节气
zhī jié qì

　　春分一般在每年的 3 月 21 日前后。这一天白天和夜晚的时间一样长。过了春分这天，白天逐渐变长，夜晚逐渐变短。春分时节，阳光明媚，万物竞生，真正的春天到来了。

识 物 候
shí wù hòu

第一候：玄鸟至

春分后，在南方过冬的燕子又飞回了北方。

第二候：雷乃发声

下雨时会伴随着隆隆的雷声。

第三候：始电

打雷时会看到闪电。

闪电

猜一猜

一道银光一条线，划过长空似利剑。

霎时跑了千万里，眨下眼睛看不见。

（打一自然现象）

扫码听故事

春分宝宝的魔法

27

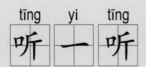

二十四节气歌之春分

1=C $\frac{6}{8}$

```
‖: 1 5 3  6 5 3 | 2 3 1   5· | 6 1 6   2 1 6 | 5 6 3   2· |
   日 月 阳  阴 两 均   天       玄 不 辞   桃 花 寒

   3 2 3  5 6 5 | 3    2 3 6· | 5 6 5   6 5 3 | 2    2 1 2· |
   从 来 今  日 竖 鸡   子       川 上 良   人 放 纸   鸢

   6 5 3  6 5 3 | 2 3 5 3  2 3 | 5    3 2 3 6 | 1·   1· :‖
   跟 着 节  气 过 日 子 顺 应   时 间 好   生 活
                节 气 艺 术   万 家 传

   6 5 3  6 5 3 | 2 3 5 3  2 3 | 5    3 6 5 6 | 1·   1· ‖
   跟 着 节  气 过 日 子 节 气   艺 术 万   家 传
```

扫码唱童谣

xué gǔ shī
学古诗

jué jù èr shǒu
绝句二首

［唐］杜 甫

chí rì jiāng shān lì, chūn fēng huā cǎo xiāng
迟日江山丽，春风花草香。

ní róng fēi yàn zǐ, shā nuǎn shuì yuān yāng
泥融飞燕子，沙暖睡鸳鸯。

jiāng bì niǎo yú bái, shān qīng huā yù rán
江碧鸟逾白，山青花欲燃。

jīn chūn kàn yòu guò, hé rì shì guī nián
今春看又过，何日是归年。

赏析

江山沐浴着春光，多么秀丽；春风吹拂着花草，送来阵阵芳香。燕子衔着湿泥，飞来飞去忙着筑巢，暖和的沙子上睡着成双成对的鸳鸯。

江水碧波浩荡，衬托着水鸟雪白的羽毛，山峦郁郁葱葱，红花相映，像要燃烧似的。今年春天眼看就要过去，何年何月才是我归乡的日期？

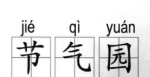

节气园

在二十四节气中，春分是春季的一半，所以春分也有将春天平分之意。春分这一天，最好玩的传统莫过于"竖蛋游戏"，以迎接春天的到来，故有"春分到，蛋儿俏"的说法。春分竖蛋的传统起源于 4000 年前，据说春分这天最容易把鸡蛋竖起来。

活动目标

（1）引导幼儿感知中国传统文化。
（2）培养幼儿的专注力，提醒幼儿注意力集中，戒急戒躁。

★☆工具☆★　　鸡蛋、笔

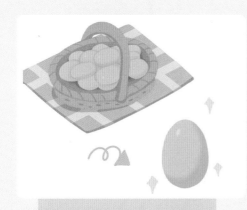

1 选择一枚光滑匀称的新鲜鸡蛋。

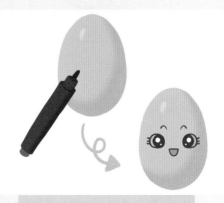

2 在蛋壳上涂绘。

3 立蛋时将大头朝下，轻手轻脚地在桌子上把它竖起来。

4 有趣的竖蛋游戏就成功了。

❀ 小贴士：
竖蛋时手要尽量保持不动，让蛋黄慢慢沉淀到鸡蛋下部，降低蛋的重心，鸡蛋就容易竖起来了。

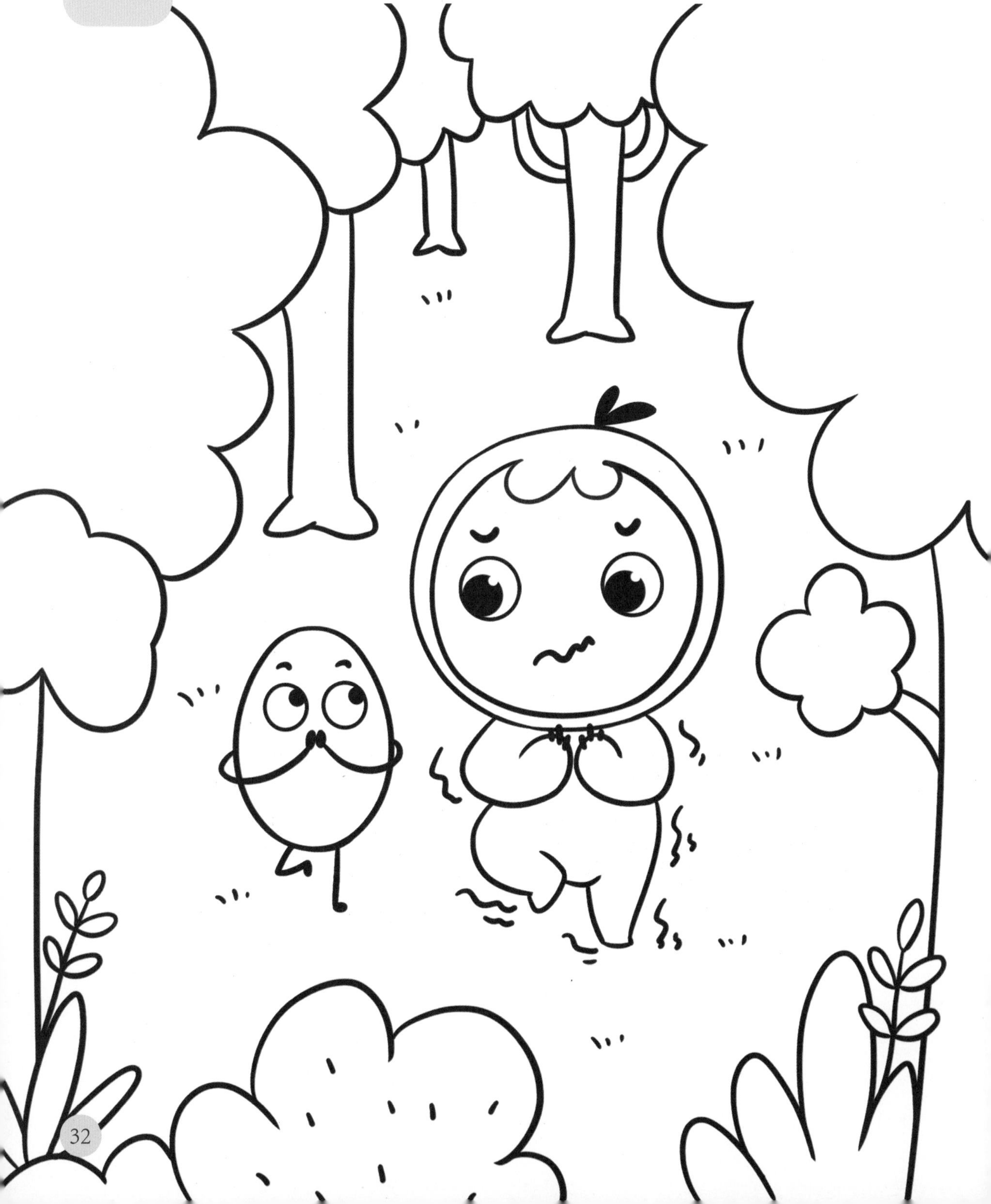

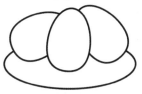

清明

知节气
zhī jié qì

　　清明一般在每年的4月5日前后，它不仅是二十四节气之一，也是我国最重要的传统节日之一。清明有天清地明之意，从这天开始天气清澈明朗，阳光明媚，大自然处处生机勃勃。人们会在清明扫墓、踏青、吃青团。孩子们欢快地放风筝、荡秋千，可不能辜负这大好的春光呀！

识物候

三候为一个节气
五日为一候

第一候：桐始华

桐花是清明的节气之花，桐花绽然开放。

第二候：田鼠化为鴽〔rú〕

喜欢阴凉的田鼠躲进洞里不肯出来，喜爱阳光的鹌鹑
却是到处可见。

第三候：虹始见

雨后天晴，天空中容易出现彩虹。

桐花

扫码听故事

清明时节雨纷纷

猜一猜

会飞不是鸟，用线拴得牢。
不怕大风吹，就怕雨水浇。

（打一清明节习俗）

二十四节气歌之清明

1=D 4/4 ♩=82

```
 5 5    5 6 5·  |  3 23 2 1   5   -  |  6  1    6  3  2· |
 白  桐花开     杏 花 雨        花    儿  笑

 5 23 2 1  1/2  -  |  3  5    3  6  6· |  2 35 3 2   6   - |
 春  风 美          草    长 莺 飞     鼠  化  鴽

 5 5    3 2 2·  |  6   2 6 2/1   -  |  2· 2 2 2  1   3  5 |
 万  物气清     景 亦 明         云 薄露日彩  虹

 3  -  -  -  |  4· 4 4 4 6   6  1 |  5  -  - 5 55 |
 见              正 值时令好 春  光      节 气 是
 ※
 1 1  1   5 7 7   5 | 1 6·     6    6 5 | 4 4    5 6·    1 |
 阳光 和时间 的 约定      爱 是 妈妈 和你 的

 6 5·    5   4 3 | 2·    3 5    -  | 6   5 4 3   -  |
 约定     生 命 有你      而 不 同

 5 5    5 4   3· 5 | 2    1· 1   1  - : | 2   1· 1  5 55 ‖
 生命  有你 而不同      不 同           节气是
        1.3.              Fine.   2.            D.S.
```

清明
qīng míng

[唐]杜 牧

清明时节雨纷纷，
qīng míng shí jié yǔ fēn fēn

路上行人欲断魂。
lù shàng xíng rén yù duàn hún

借问酒家何处有？
jiè wèn jiǔ jiā hé chù yǒu

牧童遥指杏花村。
mù tóng yáo zhǐ xìng huā cūn

赏析　清明节这天下起了毛毛细雨，路上那些赶路的人神情忧伤，像丢了魂儿一样。问一声牧童哪里才有酒家，他指了指远处的杏花村。

jié qì yuán

节气园

　　人们会在清明节这天给坟墓清除杂草，还会把酒食果品等供祭在亲人的墓前，并进行简单的祭祀仪式，以表示对亲人的思念。据说，去世的亲人会变成天上的星星保护着家人。小伙伴们想要飞到天上去看一看，可是他们不会飞，怎么办呢？有啦！亲手做只漂亮的风筝吧！让起飞的风筝带去浓浓的思念。

活动目标

（1）让幼儿明白"死亡不会切断爱"。

（2）培养幼儿的观察力、创造力、动手能力，增添生活乐趣。

★☆工具☆★　　卡纸、木条、尼龙绳

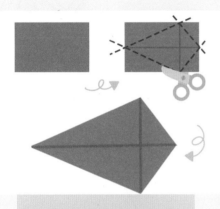

1 首先将长方形卡纸折成菱形，然后剪掉多余的部分。

2 把细木条叠放成十字架状，用绳子固定绑牢。

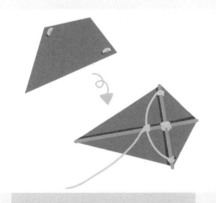

3 用尼龙绳把十字架固定在纸上，然后将风筝绳系在木条上。

4 美化后，漂亮的风筝就做好了。

❀ 小贴士：

风筝也称为"纸鸢"，发明于2000多年前的春秋时期。

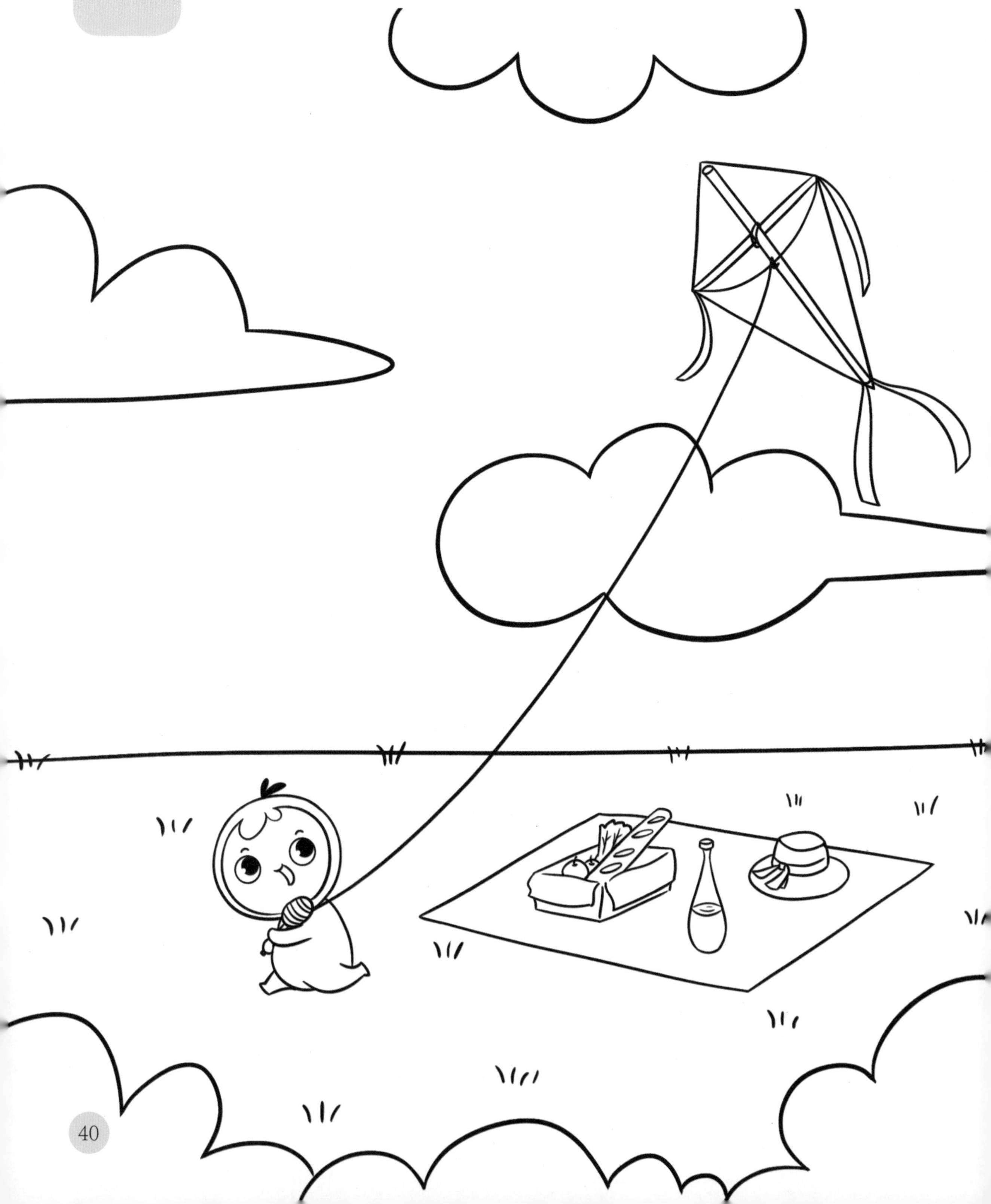

谷雨

zhī jié qì
知 节 气

　　谷雨，一般在每年的 4 月 20 日前后，是春季的最后一个节气。谷雨，顾名思义就是播谷降雨的意思。谷雨节气到来后，雨水更加充沛，一场春雨一场暖，天气一天比一天暖和，正是农人播种的好时机。

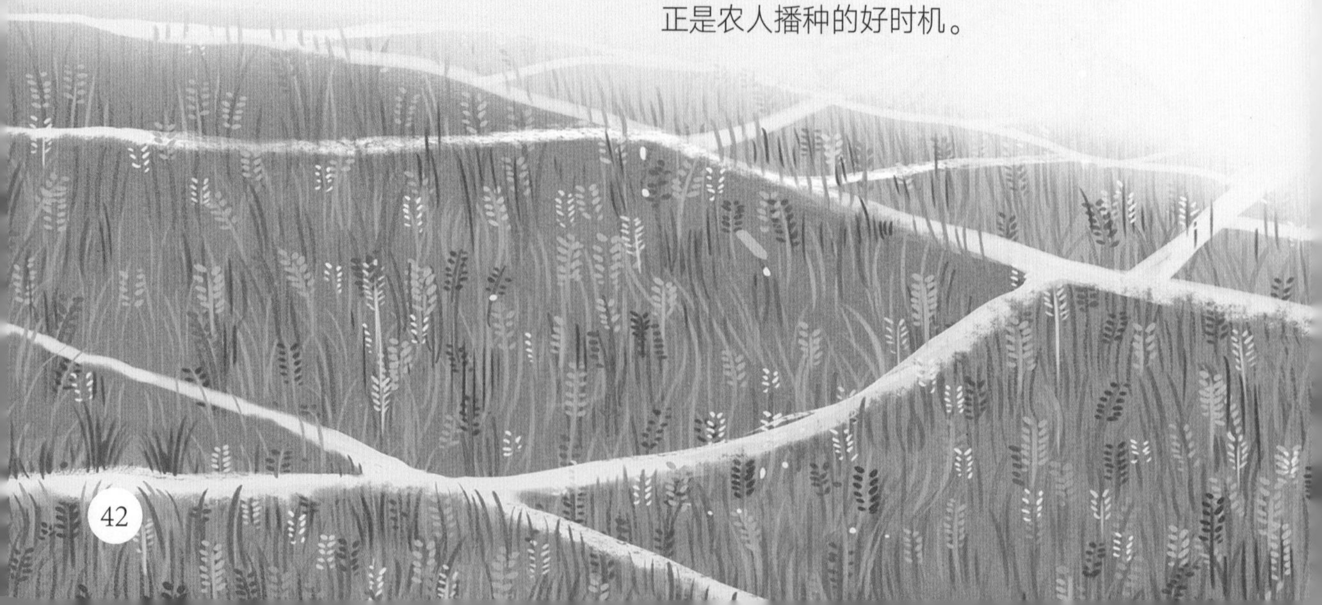

识物候
shí wù hòu

三候为一个节气
五日为一候

第一候：萍始生

水中开始长出浮萍。

第二候：鸣鸠拂其羽

布谷鸟一边鸣叫一边拂动羽毛，就像在提醒农人快去播种。

第三候：戴胜降于桑

桑树上可以见到戴胜鸟。

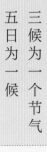

布谷鸟

扫码听故事

雨生百谷送走春

猜一猜

身上长斑纹，春夏来催耕。

稻黄落叶尽，已不闻其声。

（打一动物）

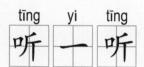

二十四节气歌之谷雨

1=D $\frac{6}{8}$ ♩=60

$\underline{3\cdot}$ $\underline{4}$ 5 | $\underline{3\ 4\ 5}$ $\underline{6\ 5\ 4}$ | 4· | 0· ‖
百　　花王　雨生百谷麦苗　绿

$\underline{2\cdot}$ $\underline{3}$ 4 | $\underline{2\cdot}$ $\underline{3}$ 4 | $\underline{2\ 3\ 4}$ $\underline{6\ 5\ \#4}$ | 5· ‖
采　　桑忙　茶　　山绒　春末夏初莺鸣鸣

5· | $\underline{4\cdot}$ $\underline{5}$ 6 | 4· $\underline{5}$ 6 | $\underline{4\ 5\ 6}$ $\underline{7\ 6\ 5}$ ‖
谷　　雨节　桃　　花水　仓颉造字谷子

5· | 0· | $\underline{2\ 3}$ 4 | $\underline{2\ 3}$ 4 ‖
雨　　　　食香椿　棉花肥

$\underline{2\ 3}$ 4· | $\underline{3}$ $\underline{2\ 1}$ 1 | 1· | $\underline{2\ 3}$ 4 0 ‖
谷雨开　海见云帆　　　风也暖

$\underline{2\ 3}$ 4 0 | $\underline{2\ 3}$ 4 | $\frac{3}{8}$ $\underline{4\ 3\ 2}$ 1 | $\frac{6}{8}$ 1· | 1· ‖
日也安　勾手手　妈妈爱　宝　宝

chūn xiǎo

春晓

[唐] 孟浩然

chūn mián bù jué xiǎo
春眠不觉晓，

chù chù wén tí niǎo
处处闻啼鸟。

yè lái fēng yǔ shēng
夜来风雨声，

huā luò zhī duō shǎo
花落知多少。

赏析

春日里贪睡，不知不觉天就亮了，到处是鸟儿清脆的叫声。昨天夜里风声雨声一直不断，那娇美的春花不知被吹落了多少。

节气园

　　不知不觉，春天进入了尾声，我们一起走过了春季的六个节气。瞧，天空又下起了雨。雨后的天空隐约可见一道美丽的彩虹，它是由红、橙、黄、绿、蓝、靛、紫七种颜色组成的。每个小朋友心中都有一道最美的彩虹，让我们一起动动小手，制作出心中的那道彩虹吧！

活动目标

（1）了解彩虹是下雨后出现的自然现象。

（2）培养幼儿的耐心，养成良好的学习态度和定性。

★☆工具☆★　　纸、笔

1 准备一张蓝色正方形彩纸，代表蓝天，再剪出彩条若干。

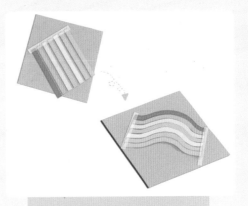

2 用透明胶带将彩条固定在蓝色彩纸上，中间是弧形，这样彩虹就出来了。

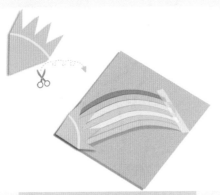

3 按照图示，用黄色彩纸剪出太阳的一角，然后用双面胶粘在彩虹的一端。

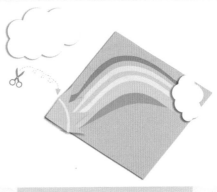

4 用白纸剪出一个云朵，然后用双面胶粘在彩虹的另一端，漂亮的立体彩虹贺卡就做好了。

❀ 小贴士：

彩虹的明显程度，取决于空气中小水滴的大小，小水滴体积越大，形成的彩虹越鲜亮；小水滴体积不够大，形成的彩虹就不明显。

1

2

3

4

画一画

	第一候	第二候	第三候
立春	东风解冻	蛰虫始振 [zhé]	鱼陟负冰 [zhì]
雨水	獭祭鱼 [tǎ]	候雁北	草木萌动
惊蛰	桃始华	仓庚鸣	鹰化为鸠 [jiū]
春分	玄鸟至	雷乃发声	始电
清明	桐始华	田鼠化为鴽 [rú]	虹始见
谷雨	萍始生	鸣鸠拂其羽	戴胜降于桑
立夏	蝼蝈鸣 [lóu][guō]	蚯蚓出	王瓜生
小满	苦菜秀	靡草死 [mí]	麦秋至
芒种	螳螂生	鵙始鸣 [jú]	反舌无声
夏至	鹿角解	蜩始鸣 [tiáo]	半夏生
小暑	温风至	蟋蟀居壁	鹰始鸷 [zhì]
大暑	腐草为萤	土润溽暑 [rù]	大雨时行

物候

第一候	第二候	第三候	
凉风至	白露降	寒蝉鸣 ◀	立秋
鹰乃祭鸟	天地始肃	禾乃登 ◀	处暑
鸿雁来	玄鸟归	群鸟养羞 ◀	白露
雷始收声	蛰虫坯[pi]户	水始涸[hé] ◀	秋分
鸿雁来宾	雀入大水为蛤[gé]	菊有黄华 ◀	寒露
豺乃祭兽	草木黄落	蛰虫咸俯 ◀	霜降
水始冰	地始冻	雉[zhì]入大水为蜃[shèn]	立冬
虹藏不见	天气上升，地气下降	闭塞而成冬 ◀	小雪
鹖[hé]鴠不鸣	虎始交	荔挺生 ◀	大雪
蚯蚓结	麋[mí]角解	水泉动 ◀	冬至
雁北乡	鹊始巢	雉[zhì]始雊[gòu] ◀	小寒
鸡始乳	征鸟厉疾	水泽腹坚 ◀	大寒

　　七十二候，是中国最早的结合天文、气象、物候知识指导农事活动的历法。源于黄河流域，完整记载见于公元前 2 世纪的《逸周书·时训解》。以五日为候，三候为气，六气为时，四时为岁，一年二十四节气共七十二候。各候均以一个物候现象相应，称候应。其中植物候应有植物的幼芽萌动、开花、结实等；动物候应有动物的始振、始鸣、交配、迁徙等；非生物候应有始冻、解冻、雷始发声等。七十二候候应的依次变化，反映了一年中气候变化的一般情况。

内容策划：上海希启信息科技有限公司

内容制作：裴　露　徐　耀　徐洁园

节气宝贝
国学探索系列

GEI HAIZI DE
JIEQI YOUSHENGSHU
XIA

给孩子的节气有声书

夏

节气宝贝 / 编绘

化学工业出版社

·北京·

二十四节气蕴藏着中国古人洞悉天地的智慧和感悟，揭示了大自然的无限奥秘，包括季节变化、温度变化、降水变化、物候现象。对于2～6岁的孩子来说，感知自然，与自然融洽相处，建立起一种稳定的精神链接，是孩子认识世界、认识自己的第一步。

　　这里有通俗易懂的节气知识；

　　这里有清新可爱的节气插画；

　　这里有优美动听的节气儿歌；

　　这里有轻松有趣的节气故事；

　　这里有精心选取的与节气相关的古诗和谜语；

　　这里有特别设置的新颖好玩的手工和绘画。

　　《给孩子的节气有声书》，让孩子在探索二十四节气的过程中，全方位感受中华民族传统文化的博大精深，了解自然规律和生命哲学，开启国学启迪和艺术启蒙，并以此激发小朋友的好奇心和想象力，引导孩子热爱自然、热爱生活！

图书在版编目（CIP）数据

给孩子的节气有声书.夏／节气宝贝编绘.—北京：化学工业出版社，2020.1

（节气宝贝国学探索系列）

ISBN 978-7-122-35545-4

Ⅰ．①给… Ⅱ．①节… Ⅲ．①夏季－儿童读物 Ⅳ．①P193-49

中国版本图书馆CIP数据核字（2019）第238370号

责任编辑：崔俊芳　　　　　　　　　　　装帧设计：史利平
责任校对：边　涛

出版发行：化学工业出版社（北京市东城区青年湖南街13号　邮政编码100011）
印　　装：北京宝隆世纪印刷有限公司
787mm×1092mm　1/16　印张14　字数196千字　2020年5月北京第1版第1次印刷

购书咨询：010-64518888　　　　　　　　售后服务：010-64518899
网　　址：http://www.cip.com.cn
凡购买本书，如有缺损质量问题，本社销售中心负责调换。

写在前面的话

二十四节气是中国人通过观察太阳周年运动，认知一年中时令、气候、物候等方面变化规律所形成的知识体系和社会实践。中国古人将太阳周年运动轨迹划分为 24 等份，每一等份为一个节气，统称"二十四节气"，包括：立春、雨水、惊蛰、春分、清明、谷雨、立夏、小满、芒种、夏至、小暑、大暑、立秋、处暑、白露、秋分、寒露、霜降、立冬、小雪、大雪、冬至、小寒、大寒。在国际气象界，二十四节气被誉为"中国的第五大发明"。

2016 年 11 月，二十四节气被列入联合国教科文组织人类非物质文化遗产代表作名录。

二十四节气的每个节气都蕴藏着中国古人洞悉天地的智慧和感悟。它揭开了大自然的无限奥秘，包括季节变化、温度变化、降水变化、物候现象，引领人们辨春花、探夏虫、赏秋叶、看冬雪等。大自然是这样多姿多彩、和谐生动，引导孩子回归自然、关注本真，何尝不是在唤起孩子心中至真至美的感受，让他们在感知大自然中懂得这个世界的美好。

立春之际，蛰居的虫儿慢慢苏醒，鱼儿缓缓游动；雨水润物细无声，树梢的枝叶开始抽出嫩芽；夏季蝉鸣，秋季丰收，冬季蛰伏……四季轮回，时间更替，引导孩子拥有对规律的认知，所以更加自信和向上。对于 2 ~ 6 岁的孩子来说，感知自然，与自然融洽相处，建立起一种稳定的精神链接，是孩子认识世界、认识自己的第一步。

有着两千多年历史的二十四节气，如同给了我们一幅探寻文化宝藏的时空图，包含着自然的奥秘、时间的奥秘、生命的奥秘；中国二十四节气更是中华民族传统文化的结晶，属于全人类的非物质文化遗产，每一个节气背后的故事与习俗都有着独特的韵味，值得人们深入其中去探寻。相信这个充满趣味的节气世界，会在孩子的成长路上留下很多美好，伴随他们快乐成长。

节气宝贝在这里，等待着和大家一起去探索！

目录

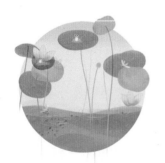

二十四节气歌

春雨惊春清谷天
夏满芒夏暑相连
秋处露秋寒霜降
冬雪雪冬小大寒

扫码唱童谣

立夏

知节气
zhī jié qì

　　立夏，一般在每年的5月6日前后，是夏季的第一个节气。从这天起就要告别温暖的春天，开始进入酷热的夏天。立夏时节，气温大幅度升高，农作物生长旺盛，田地间到处可见农民伯伯忙碌的身影。

识物候
shí wù hòu

三候为一个节气
五日为一候

第一候：蝼[lóu]蝈[guō]鸣

蝼蛄在田间鸣叫。

第二候：蚯蚓出

雨后，蚯蚓纷纷钻出地面呼吸新鲜空气。

第三候：王瓜生

王瓜的藤蔓开始快速攀爬生长。

王瓜生

扫码听故事

庄稼长高长胖了

猜一猜

一架小飞机，身披四面旗。
大眼像铜铃，害虫灭干净。
（打一昆虫）

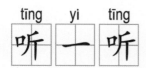

二十四节气歌之立夏

1=F $\frac{2}{4}$ $\frac{3}{4}$

```
‖: 5  5    5  5  | 6  5    3  2  | 1  2    3      |
   夏天    夏天      你在    哪儿   呱呱   呱
   夏天    夏天      你在    哪儿   哗啦   啦
   夏天    夏天      你在    哪儿   咯咯   咯

   5 5 5   5 5 5  | 6  5    3  2  | 1  2    3    | 2 2    1      :‖
   夏天在   美丽的    河塘    水里     小青   蛙滴笑    呱呱   呱
   夏天在   丰收的    河雨    里       小雨   笑       哗啦   啦
   夏天在   宝宝的    笑声    里       小宝宝           咯咯   咯

   0      0       | X X X X  X   :‖
                     夏天  来了
```

扫码唱童谣

小池
xiǎo chí

［宋］杨万里

quán yǎn wú shēng xī xì liú
泉眼无声惜细流，

shù yīn zhào shuǐ ài qíng róu
树阴照水爱晴柔。

xiǎo hé cái lù jiān jiān jiǎo
小荷才露尖尖角，

zǎo yǒu qīng tíng lì shàng tóu
早有蜻蜓立上头。

赏析　　　　泉眼悄然无声是因舍不得细细的水流，树荫倒映水面是喜爱晴天和风的轻柔。娇嫩的小荷叶刚从水面露出尖尖的角，早有调皮的小蜻蜓立在它的上头。

節気園 — jié qì yuán

　　春天随着落花悄悄走了，夏天披着绿叶儿匆匆来了。初夏的早晨，青蛙们在圆圆的荷叶上开起了音乐会。它们鼓着眼睛，张着嘴巴，挺着大肚子，在上面唱歌："呱呱，夏天到了！呱呱，夏天到了！"在夏天里，青蛙可是庄稼的守护者呢，专吃田里的害虫。小朋友们，青蛙是人类的好朋友，让我们一起保护它！

活动目标

（1）了解青蛙是对人类有益的动物，激发幼儿保护青蛙的情感。

（2）培养幼儿认真观察的习惯和做事的顺序性、条理性。

★☆工具☆★　　正方形彩纸、儿童剪刀

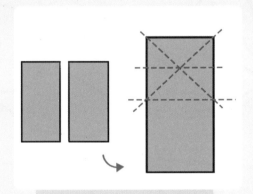

1 首先把正方形纸对折后裁开，再将长方形对折，按照图示，沿虚线折叠展开。

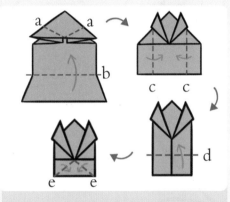

2 沿着折痕折叠出三角形，再分别沿虚线 a、b 向上折叠，沿虚线 c 向内折叠，沿虚线 d 向上折叠，沿虚线 e 向下折叠。

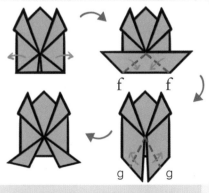

3 将折下来的角向外拉出，沿虚线 f 向下折叠，再沿虚线 g 向外折叠。

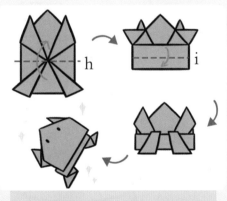

4 沿虚线 h 向上折叠，再将折上去的部分沿虚线 i 向下折叠。画上眼睛后，会跳的青蛙就折好了。

❀ 小贴士：

青蛙是两栖动物，它们小时候叫蝌蚪，在水里生活。

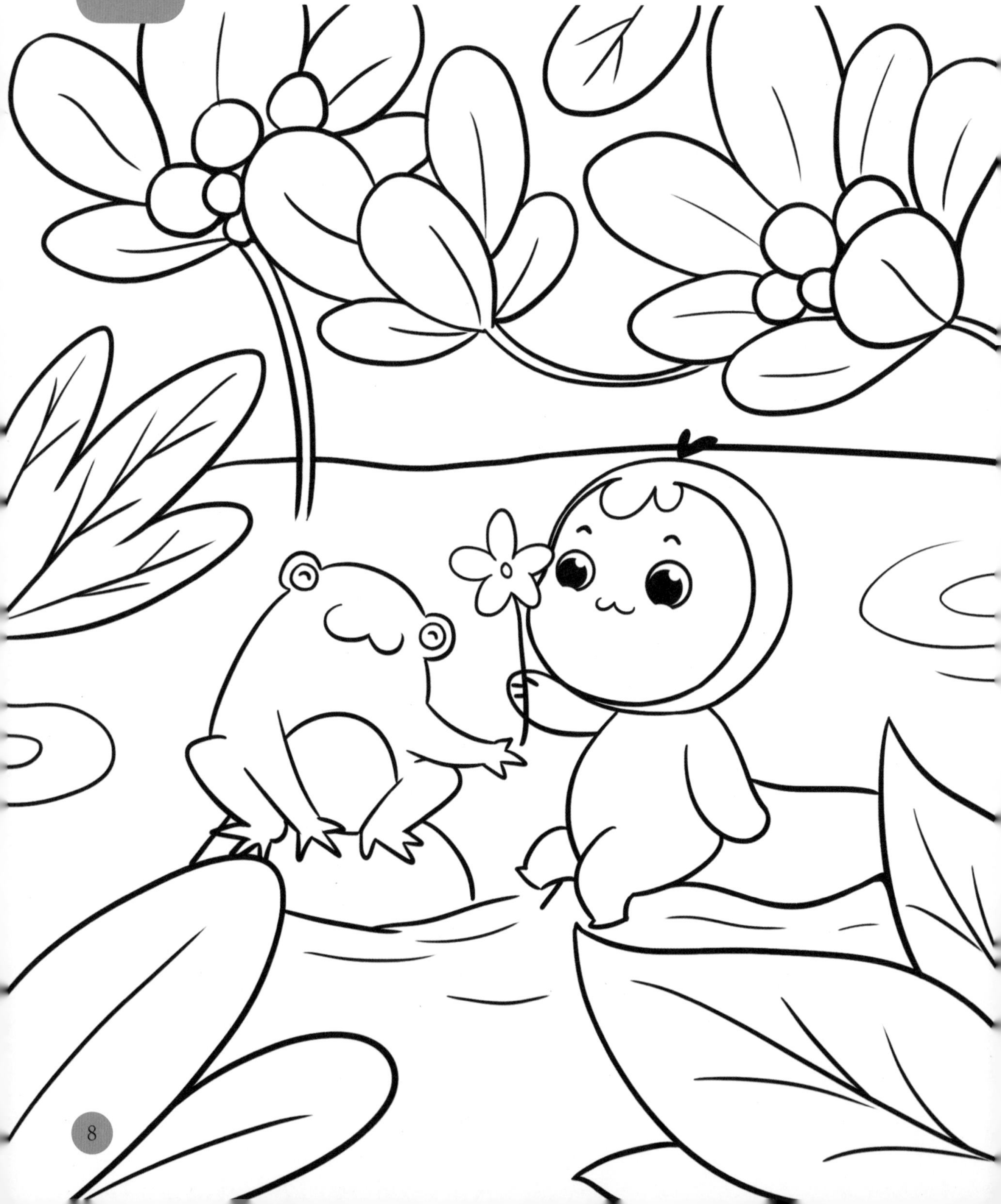

1

2

3

4

小满

知节气

zhī jié qì

    小满，一般在每年 5 月 21 日前后。因为此时小麦等夏熟作物籽粒开始饱满，但还没有完全成熟，所以称为小满。小满时节是农作物生长旺盛的时期，此时雨水越丰沛，将来越是大丰收。

识 物 候
shí wù hòu

第一候：苦菜秀

遍地苦菜长得茂盛。

第二候：靡 [mí] 草死

枝条细软的野草在强烈的阳光下衰败枯萎了。

第三候：麦秋至

麦子开始成熟。

苦菜

扫码听故事

小满足，大幸福

猜一猜

小时穿黑衣，大时换白袍。

造间小屋子，里面睡大觉。

（打一昆虫）

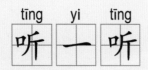

二十四节气歌之小满

1=D $\frac{6}{8}$ ♪=102

3 5 6 3	5· 5·	6 5 5 2	3· 3·
小 满 物 满	盈	小 麦 快 长	成

2 1 2 3	6· 6·	2 1 2 3	2· 2·
大 地 色 彩	多	青 黄 绿 白	红

3 5 6 3	5· 5·	i 7 6 5	3· 3·
小 满 的 期	望	圆 满 地 到	来
美 好 的 陪	伴	是 细 水 长	流

6 5 5 3	4 3 1·	4 3 2 1 7	1· 1· :｜
小 小 的 满	足	大 大 的 幸	福

扫码唱童谣

五绝·小满

[宋] 欧阳修

夜莺啼绿柳，

皓月醒长空。

最爱垄头麦，

迎风笑落红。

赏析 　夜莺鸟在绿色柳树枝头上啼叫唱歌，洁白明亮的月亮照亮了夜空。田里的麦子结出了麦穗，在风中摇摆跳舞，比花儿还要美丽。

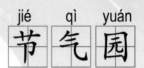

节气园

小满是夏季的第二个节气。初夏时节，荷花在清晨的阳光下露出了笑脸，亭亭玉立的样子宛如一个优雅的舞蹈家。蜻蜓正在空中嬉戏，青蛙在荷叶上开音乐会，这是多么美丽的画面呀！小朋友们，这样的夏天，你们喜欢吗？

14

活动目标

（1）培养幼儿的创新能力和动手能力。
（2）培养幼儿珍惜事物、不浪费东西的好习惯。

★☆工具☆★　吸管、卡纸、订书机、儿童剪刀

1 首先将吸管修剪成约 12 厘米，然后把吸管的一端压扁，剪开约 1.5 厘米。

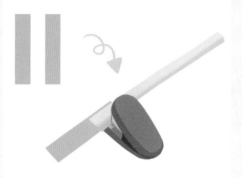

2 裁剪出两条 2 厘米 × 10 厘米的卡纸，将两张卡纸重叠插入吸管剪开处，然后用订书机固定。

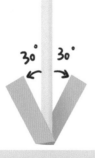

3 按照图示，分别翻折两张卡纸。

4 展开卡纸，有趣的竹蜻蜓就做好了。

❀ 小贴士：
蜻蜓是益虫，专门捕捉害虫，是我们人类的好朋友。

4

芒种

芒种

zhī jié qì
知 节 气

　　芒种，一般在每年的 6 月 6 日前后。因为此时正是小麦等有芒作物成熟后抢收的关键时期，又是玉米、高粱等夏播作物开始播种的时期，所以是农民伯伯最繁忙的季节，称为"芒种"。芒种时节，雨量充沛，气温升高，南方已进入"梅雨季节"。

识物候
shí wù hòu

三候为一个节气
五日为一候

第一候：螳螂生

　　小螳螂破壳而出。

第二候：䴗 [jú] 始鸣

　　伯劳鸟开始在枝头出现，并且感阴而鸣。

第三候：反舌无声

　　反舌鸟停止了鸣叫。

伯劳鸟

扫码听故事
忙着收和忙着种

猜一猜

三角脑袋披绿袍，

最爱不时耍大刀。

（打一昆虫）

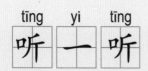

二十四节气歌之芒种

1=D $\frac{2}{4}$

1 2 3 4	5 6	6	5 4	3	3 —
芒 种 到 了	一 起	来	拍 拍	手	

2 1 2 1	2 3	4	7 1	2	2 —
太 阳 公 公	睡 醒	了	早 早	起	

3 2 3 2	3 5	5	6 5	3	3 —
农 民 伯 伯	收 麦	子	呵 呵	笑	
农 民 伯 伯	播 新	种	盼 丰	收	

2 1 2 1	2 3	4 3	2 3	1	1 —
2 1 2 3	4 5	4 3	2 3	1	1 —
爱 吃 大 米	白 又	白	喷 喷	香	

6 7 i 7	i 7	6 5	5 7	i	i — ‖:
爱 惜 粮 食	不 浪	费	好 习	惯	

6 7 i 7	i 7	6 5	5 7	i	i — ‖
这 一 年 新	的 希	望	在 芒	种	

扫码唱童谣

归园田居·其三
guī yuán tián jū qí sān

［魏晋］陶渊明

种豆南山下，草盛豆苗稀。
zhòng dòu nán shān xià　cǎo shèng dòu miáo xī

晨兴理荒秽，带月荷锄归。
chén xīng lǐ huāng huì　dài yuè hé chú guī

道狭草木长，夕露沾我衣。
dào xiá cǎo mù cháng　xī lù zhān wǒ yī

衣沾不足惜，但使愿无违。
yī zhān bù zú xī　dàn shǐ yuàn wú wéi

赏析

　　我在南山下种植豆子，地里杂草茂盛，豆苗稀疏。清晨我下地铲除杂草，夜晚顶着一轮明月扛着锄头归来。狭窄的山路草木丛生，露水沾湿了我的衣衫。衣衫被沾湿并不可惜，只是不要辜负了我归耕田园的心意。

<ruby>节<rt>jié</rt></ruby> <ruby>气<rt>qì</rt></ruby> <ruby>园<rt>yuán</rt></ruby>

芒种前后，每年农历的五月初五是端午节，端午节距今已有两千多年的历史。在这一天，根据地域的不同，会有吃粽子、赛龙舟、插艾草、佩香包等不同的习俗。小朋友们手中精巧细致的香囊除了纪念屈原的爱国主义精神流传千古之外，还有驱蚊避疫、强身健体的作用。

活动目标

（1）和幼儿一起过有意义的端午节。

（2）激发幼儿对中国传统文化的兴趣，产生初步的民族自豪感。

★☆工具☆★　　艾草、香囊袋、笔、儿童剪刀

1 首先将新鲜艾草洗干净晒干。

2 把晒干的艾草剪成小段。注意尽量不要梗，选取艾草叶部分。

3 在香囊袋上画自己喜欢的图案。

4 把准备好的干艾草装满香囊袋，艾草香囊就做好了。

❀ 小贴士：

被人们熟知和认可的是：端午节的起源是为了纪念爱国诗人屈原。但事实上，早在屈原之前就已经有端午节了。

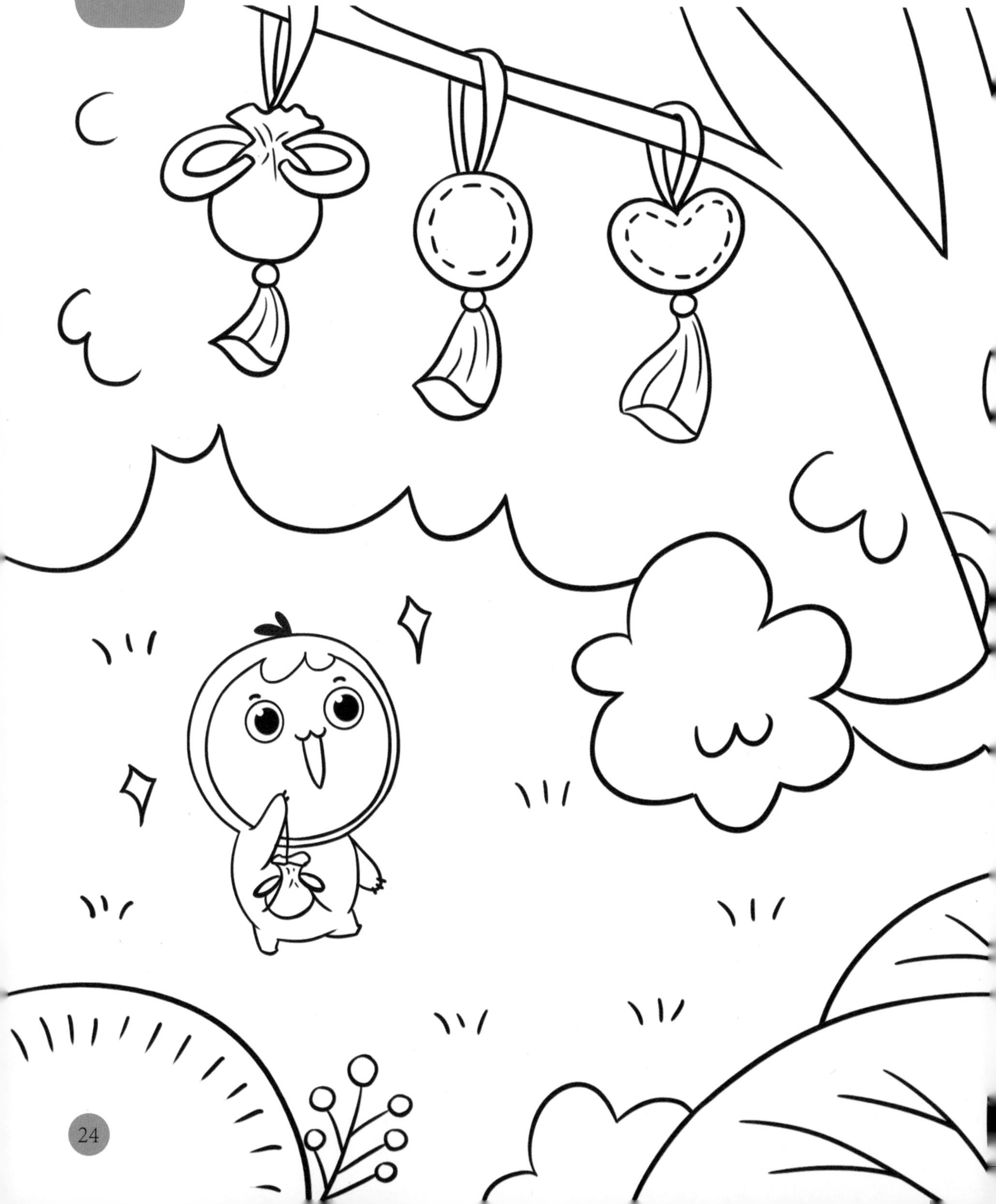

1

2

3

4

夏至

夏至

　　夏至，一般在每年的 6 月 21 日或 22 日，是一年中白天最长的一天。过了夏至这天，白天一天比一天短，因此，民间有"吃过夏至面，一天短一线"的说法。夏至一到，就意味着最炎热的天气正式开始了。

识物候
shí wù hòu

第一候：鹿角解

雄鹿的角自然脱落。

第二候：蜩 [tiáo] 始鸣。

夏蝉开始鸣叫。

第三候：半夏生

半夏生长在仲夏的沼泽或水田中。

三候为一个节气
五日为一候

夏蝉

猜一猜

小小一姑娘，生在水中央。
笑脸迎风摆，阵阵放清香。

（打一植物）

扫码听故事

白天好长好长

27

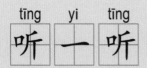

二十四节气歌之夏至

1=D $\frac{2}{4}$

3	6·	ǀ	1 5	3 ǀ	2 1	2 3	ǀ	6· — ǀ
一	·九		至 二	九	羽 扇	不 离		手
六	九		五 十	四	雨 后	凉 风		袭

1	6·	ǀ	7· 1	2 ǀ	1 7·	1 2	ǀ	3 — ǀ
三	·九		·二 十	七	汗 水	湿 了		衣
七	九		六 十	三	天 晚	暑 气		重

6	3	ǀ	4 5	6 ǀ	5 6	5 4	ǀ	3 — ǀ
6	3		6· 7	1·	7 6	5 4		3
四	九		三 十	六	夏 至	吃 新		面
八	九		七 十	二	池 塘	荷 花		开

2	6·	ǀ	2 3	4 ǀ	3 2	1 7·	ǀ	6· — :ǀǀ
					3 2	3 5		6 —
五	九		四 十	五	树 上	杏 子		熟
九	九		八 十	一	雷 雨	来 去		急

扫码唱童谣

28

xī jiāng yuè　　yè xíng huáng shā dào zhōng

西江月·夜行黄沙道中

[宋] 辛弃疾

míng yuè bié zhī jīng què　　qīng fēng bàn yè míng chán
明月别枝惊鹊，清风半夜鸣蝉。

dào huā xiāng lǐ shuō fēng nián　　tīng qǔ wā shēng yī piàn
稻花香里说丰年，听取蛙声一片。

qī bā gè xīng tiān wài　　liǎng sān diǎn yǔ shān qián
七八个星天外，两三点雨山前。

jiù shí máo diàn shè lín biān　　lù zhuǎn xī qiáo hū xiàn
旧时茅店社林边，路转溪桥忽见。

赏析

　　天边的明月升上了树梢，惊飞了栖息在枝头的喜鹊。清凉的晚风仿佛传来了远处的蝉叫声。在稻花的香气里，人们谈论着丰收的年景，耳边传来一阵阵青蛙的叫声，好像在说着丰收年。天空中轻云漂浮，闪烁的星星时隐时现，山前下起了淅淅沥沥的小雨，从前那熟悉的茅店小屋依然坐落在土地庙附近的树林中。拐了个弯，茅店忽然出现在眼前。

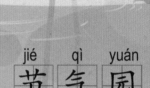

节气园

jié qì yuán

　　夏至是二十四节气中最早被确定的节气。早在公元前七世纪，先人采用土圭测日影，就确定了夏至。夏至这天，太阳几乎直射北回归线，小伙伴们在正午时分看自己的影子，会见到一年中最短的影子。小朋友们，影子不光与我们形影不离，它还是会变化的，快来一起试一试吧！

活动目标

（1）初步了解影子是怎么形成的，感知影子变化的因素。

（2）激发幼儿对生活中自然现象的兴趣，促进幼儿的创新思维。

★☆工具☆★　　手电筒、小玩偶（不透明物体）、记录纸、笔

1 在黑暗的环境，把小玩偶放在地板上，用手电筒照射，观察并记录其影子。

2 变换手电筒位置照射小玩偶，观察、记录其形成的影子。

3 手电筒不动，变化小玩偶离手电筒的位置，观察、记录其影子大小的变化。

4 引导孩子用完整的句子描述观察到的现象。

❀ 小贴士：

建议家长和孩子一边玩游戏，一边编排故事情节，不仅可以增加亲子互动，还可以提高孩子的语言表达能力和表演能力。

1

2

3

4

小暑

<ruby>知<rt>zhī</rt></ruby> <ruby>节<rt>jié</rt></ruby> <ruby>气<rt>qì</rt></ruby>

　　小暑，一般在每年的 7 月 7 日前后。过了小暑这天，大地便不再有一丝凉风，所有迎面吹来的风中都夹杂着一丝丝温热。小暑时节，气温较高，雨水丰沛，光照充足，夏秋作物都进入了生长最为旺盛的时期。

识物候
shí wù hòu

三候为一个节气
五日为一候

第一候：温风至

大地上不再有一丝凉风，风中都夹着热浪。

第二候：蟋蟀居壁

蟋蟀都从田野搬到墙角或屋檐下避暑。

第三候：鹰始鸷 [zhì]

老鹰因地面气温太高而在高空中活动。

老鹰

扫码听故事
夏季的冲锋号

猜一猜

身穿绿衣裳，肚里水汪汪。
生的子儿多，个个黑脸膛。
（打一水果）

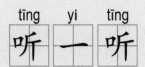

二十四节气歌之小暑

1=D $\frac{2}{4}$

| 5 3 | 1 | 5 3 | 1 | 6 5 | 6 1 | 2 3 | 2 |
| 青青 | 藤 | 满地 | 爬 | 结出 | 果子 | 圆又 | 大 |

3·2 3 5	2 3	1	6 5	6 1	2 3	2
圆圆 身子	像皮	球	浑身	长得	绿油	油
身上 穿着	绿衣	裳	吃到	嘴里	甜滋	滋

3 2 3 5	6 5 3 2	1 2 3 5	2 3
肚子 里面	红彤 彤	尝上 一口 乐	呵
吐出 黑子	不能 忘	夏天 消暑 甜	又

| 1 — | 1 — :|
| 呵 |
| 凉 |

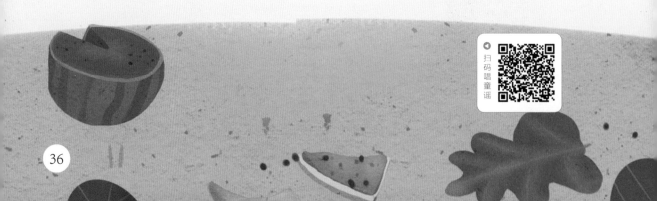

扫码唱童谣

xué gǔ shī

学古诗

shān tíng xià rì

山亭夏日

［唐］高骈

lǜ shù yīn nóng xià rì cháng
绿树阴浓夏日长，
lóu tái dào yǐng rù chí táng
楼台倒影入池塘。
shuǐ jīng lián dòng wēi fēng qǐ
水晶帘动微风起，
mǎn jià qiáng wēi yí yuàn xiāng
满架蔷薇一院香。

赏析

绿树葱郁，遍地浓荫，夏日漫长。楼台的倒影映入了池塘。微风轻拂，水波荡漾，好像水晶帘幕轻轻摆动。满架蔷薇，艳丽夺目，院中早已弥漫阵阵芳香。

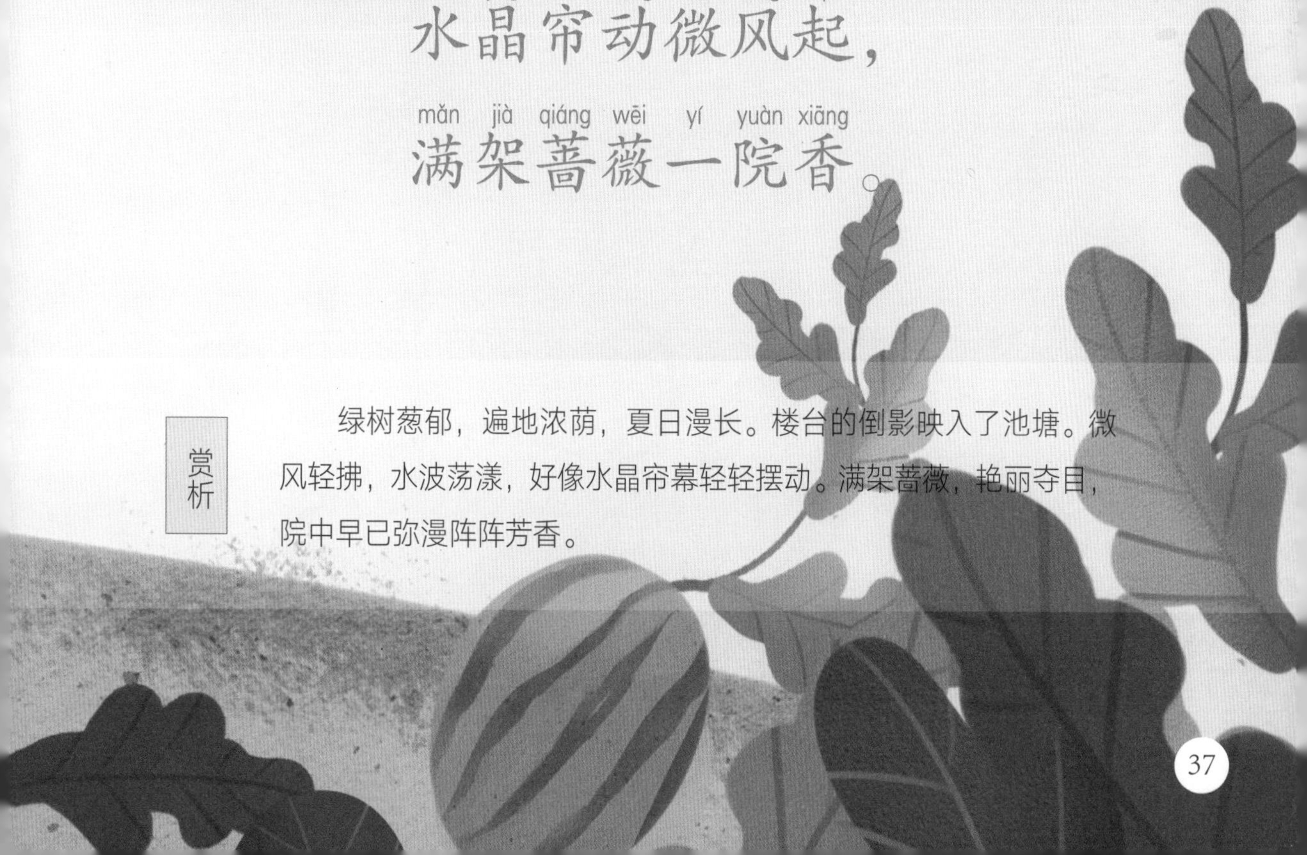

节气园

　　进入小暑节气，天气越来越热。草丛中的蟋蟀也忍受不了这盛夏的炎热，纷纷躲到墙角、屋檐下避暑，此时蟋蟀鸣叫得最欢，好像在说："夏天真热啊！"小朋友们，自己动手制作一把扇子吧，看着扇子，是不是似乎就能感受到一丝清凉呢？

活动目标

（1）丰富幼儿的想象力和创造力。
（2）锻炼幼儿的综合协调能力，包括手、眼和大脑。

★☆工具☆★　彩纸、双面胶、冰棒棍、儿童剪刀

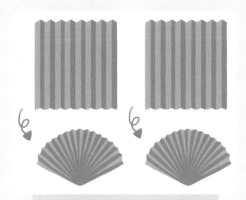

1 首先将两张彩纸折成长条形，然后对折，用双面胶粘贴侧面。

2 把折纸修剪成心形的上半部分，然后将两张纸粘在一起。

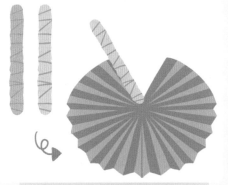

3 将两根冰棒棍分别包上彩纸，然后粘在折扇的心形尖部。注意露出把柄。

4 折合成心形，漂亮的扇子就做好了。

❀ 小贴士：
扇子不仅可以去热、驱蚊，还可以远离"空调病"，锻炼手腕，好处多多哦！

1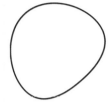

2

3

4

大暑

大暑

zhī jié qì
知 节 气

大暑，一般在每年的 7 月 23 日前后，是夏季的最后一个节气。大暑和小暑一样，都是反映夏季炎热程度的节令。大暑时节，天气炎热，人们的睡眠会受到较大的影响。为此，要合理安排作息时间，做到劳逸结合，以保证充足的睡眠。

识物候

shí wù hòu

三候为一个节气
五日为一候

第一候：腐草为萤

　　陆生的萤火虫产卵于枯草上，大暑时，萤火虫孵化而出。

第二候：土润溽 [rù] 暑

　　天气闷热，雨水又多，所以土地变得潮湿。

第三候：大雨时行

　　雷雨天气时常出现。

腐草为萤

扫码听故事

最是一年炎热时

猜一猜

小姑娘，夜纳凉。

带灯笼，闪闪亮。

（打一昆虫）

二十四节气歌之大暑

1=F $\frac{6}{8}$

```
i 5 i 3 | 2· 2 | i 3 6 i | 7· 7 |
小 小 萤火   虫      飞 在 草 丛 中

6 5 6 7 | i· 5 | 6 5 6 i 3 | 2· 2 |
带 着 小 灯   笼      照亮一 片 天 空

3 2 3 5 | 2 3 i | 6 5 6 2 3 | i· i |
咿 呀 咿 呀   咿 呀 唉      照亮一 片 天 空

i 5 i 3 | 2· 2 | i 3 6 i | 7· 7 |
小 小 萤火   虫      飞 在 黑 夜 中

6 5 6 7 | i 2 i 5 | 6 5 6 i | 2· 2 |
大 暑 炎 热   它 不 怕      希 望 在 心 中

3 2 3 5 | 2 3 i | 6 5 2 3 | i· i ‖
咿 呀 咿 呀   咿 呀 唉      希 望 在 心 中
```

扫码唱童谣

夏夜追凉
xià yè zhuī liáng

[宋] 杨万里

yè rè yī rán wǔ rè tóng
夜热依然午热同，

kāi mén xiǎo lì yuè míng zhōng
开门小立月明中。

zhú shēn shù mì chóng míng chù
竹深树密虫鸣处，

shí yǒu wēi liáng bú shì fēng
时有微凉不是风。

赏析

　　想不到，夏天的夜晚竟然同中午时分一样酷热难耐。打开门，看到月光皎洁，索性到这月光下站一会儿吧！这时，竹林深处传来声声虫鸣，顿时心生凉意，只不过是大自然的宁静悠远所生，并不是凉风的缘故。

　　"小暑不见日头，大暑晒开石头。"大暑相对于小暑而言，天气更加炎热，是一年中日照最多、气温最高的时节，也是喜热作物生长速度最快的时期。孩子们对于大暑的喜爱则更为强烈，因为此时的夜晚可以看到特有的"灯光"表演，主角自然是身带光源的萤火虫了。还因为此时有消暑神器的水果——西瓜，"热天半块瓜，药剂不用抓。"在炎热的大暑天，吃上一块西瓜，感觉那个爽啊！

活动目标

（1）锻炼幼儿的动手能力，促进手部小肌肉的发展。

（2）激发幼儿的色彩感知力、想象力，促进幼儿的创新思维。

★☆工具☆★　超轻黏土（红色、绿色、奶白色、黑色）、黏土小工具

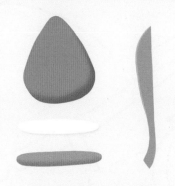

1 首先将红色黏土搓成三角状，做西瓜瓤，分别取一些奶白色、绿色黏土，搓成条状，做西瓜皮。

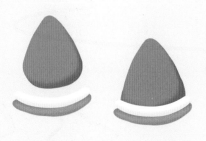

2 把绿色黏土和白色黏土粘贴起来组合成西瓜皮，然后把西瓜瓤粘贴在西瓜皮上。

3 用黑色黏土，捏出西瓜子。注意西瓜子不宜过大。

4 将西瓜子粘在西瓜瓤上，清凉的西瓜就做好了。

❀ 小贴士：

　　绿色的西瓜皮要包裹奶白色的部分，所以搓绿色条状黏土时要比白色的条状黏土长一点。

节气知识

反映四季变化的节气　　　　反映温度变化的节气

立春	春分	小暑	大暑
立夏	夏至	处暑	小寒
立秋	秋分	大寒	
立冬	冬至		

反映天气变化的节气　　　　　反映物候变化的节气

雨水　谷雨　　　惊蛰　清明

白露　寒露　　　小满　芒种

霜降　小雪

大雪

节气宝贝
国学探索系列

GEI HAIZI DE
JIEQI YOUSHENGSHU
QIU

给孩子的节气有声书

秋

节气宝贝 / 编绘

化学工业出版社

·北京·

二十四节气蕴藏着中国古人洞悉天地的智慧和感悟，揭示了大自然的无限奥秘，包括季节变化、温度变化、降水变化、物候现象。对于 2～6 岁的孩子来说，感知自然，与自然融洽相处，建立起一种稳定的精神链接，是孩子认识世界、认识自己的第一步。

这里有通俗易懂的节气知识；

这里有清新可爱的节气插画；

这里有优美动听的节气儿歌；

这里有轻松有趣的节气故事；

这里有精心选取的与节气相关的古诗和谜语；

这里有特别设置的新颖好玩的手工和绘画。

《给孩子的节气有声书》，让孩子在探索二十四节气的过程中，全方位感受中华民族传统文化的博大精深，了解自然规律和生命哲学，开启国学启迪和艺术启蒙，并以此激发小朋友的好奇心和想象力，引导孩子热爱自然、热爱生活！

图书在版编目（CIP）数据

给孩子的节气有声书. 秋／节气宝贝编绘. —北京：化学工业出版社，2020.1

（节气宝贝国学探索系列）

ISBN　978-7-122-35545-4

Ⅰ . ①给… Ⅱ . ①节… Ⅲ . ①秋季 - 儿童读物 Ⅳ . ① P193-49

中国版本图书馆 CIP 数据核字（2019）第 238372 号

责任编辑：崔俊芳　　　　　　　　　装帧设计：史利平
责任校对：边　涛

出版发行：化学工业出版社（北京市东城区青年湖南街 13 号　邮政编码 100011）
印　　装：北京宝隆世纪印刷有限公司
787mm×1092mm　1/16　印张 14　字数 196 千字　2020 年 5 月北京第 1 版第 1 次印刷

购书咨询：010-64518888　　　　　　　　售后服务：010-64518899
网　　址：http://www.cip.com.cn

写在前面的话

二十四节气是中国人通过观察太阳周年运动，认知一年中时令、气候、物候等方面变化规律所形成的知识体系和社会实践。中国古人将太阳周年运动轨迹划分为 24 等份，每一等份为一个节气，统称"二十四节气"，包括：立春、雨水、惊蛰、春分、清明、谷雨、立夏、小满、芒种、夏至、小暑、大暑、立秋、处暑、白露、秋分、寒露、霜降、立冬、小雪、大雪、冬至、小寒、大寒。在国际气象界，二十四节气被誉为"中国的第五大发明"。

2016 年 11 月，二十四节气被列入联合国教科文组织人类非物质文化遗产代表作名录。

二十四节气的每个节气都蕴藏着中国古人洞悉天地的智慧和感悟。它揭开了大自然的无限奥秘，包括季节变化、温度变化、降水变化、物候现象，引领人们辨春花、探夏虫、赏秋叶、看冬雪等。大自然是这样多姿多彩、和谐生动，引导孩子回归自然、关注本真，何尝不是在唤起孩子心中至真至美的感受，让他们在感知大自然中懂得这个世界的美好。

立春之际，蛰居的虫儿慢慢苏醒，鱼儿缓缓游动；雨水润物细无声，树梢的枝叶开始抽出嫩芽；夏季蝉鸣，秋季丰收，冬季蛰伏……四季轮回，时间更替，引导孩子拥有对规律的认知，所以更加自信和向上。对于 2 ~ 6 岁的孩子来说，感知自然，与自然融洽相处，建立起一种稳定的精神链接，是孩子认识世界、认识自己的第一步。

有着两千多年历史的二十四节气，如同给了我们一幅探寻文化宝藏的时空图，包含着自然的奥秘、时间的奥秘、生命的奥秘；中国二十四节气更是中华民族传统文化的结晶，属于全人类的非物质文化遗产，每一个节气背后的故事与习俗都有着独特的韵味，值得人们深入其中去探寻。相信这个充满趣味的节气世界，会在孩子的成长路上留下很多美好，伴随他们快乐成长。

节气宝贝在这里，等待着和大家一起去探索！

目录

二十四节气歌

春雨惊春清谷天

夏满芒夏暑相连

秋处露秋寒霜降

冬雪雪冬小大寒

扫码唱童谣

立秋

立秋

zhī jié qì
知节气

　　立秋，一般在每年的8月8日前后，是秋季的第一个节气。立秋节气的到来意味着暑去凉来，大自然开始迈入秋天。立秋后，天气仍有一段时间比较炎热，离真正入秋还有一段时间。

识物候
shí wù hòu

三候为一个节气

五日为一候

第一候：凉风至

立秋过后刮的风，夹杂着丝丝凉意，让人感到舒爽。

第二候：白露降

清晨，大地上会有雾气产生，在草叶上凝结成晶莹剔透的露珠。

第三候：寒蝉鸣

秋蝉在树枝上卖力地鸣叫着。

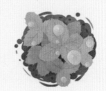

白露降

扫码听故事

一叶落知天下秋

猜一猜

左边是绿，右边是红。

左边怕虫，右边怕水。

（打一字）

3

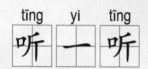

听一听

二十四节气歌之立秋

$1=D\frac{2}{4}$

| 5 3 2 | 2 3· | 5 — | 6 5 5 3 2· | 3 — |
|秋天 太阳 照 | | | 向日葵对 我 笑 | |

| X X | X X | X X X X 2 1 | 2 1 2 1 1 | 7 1 2 2 |
|你好 你好 | 早上好 我是 | 早 睡 早起的 好宝宝 | | |

| 5 3 2 | 2 3· | 5 — | 6 5 3 2· | 3 — |
|秋天 微风 吹 | | | 梧桐 叶儿 飞 | |

| 2 1 | 2 1 | 2 3 2 2 2 1 | 2 1 2 3 | 1 — ‖|
|你好 你好 | 早上好 立秋 | 节气 她预 报 | | |

扫码唱童谣

4

秋夕
qiū xī

［唐］杜牧

yín zhú qiū guāng lěng huà píng
银烛秋光冷画屏，

qīng luó xiǎo shàn pū liú yíng
轻罗小扇扑流萤。

tiān jiē yè sè liáng rú shuǐ
天阶夜色凉如水，

zuò kàn qiān niú zhī nǚ xīng
坐看牵牛织女星。

| 赏析 | 　　在秋夜里，烛光映照着画屏，手拿着小罗扇扑打萤火虫。夜色里的石阶清凉如冷水，静坐寝宫凝视牛郎织女星。 |

5

立秋节气来了，意味着美丽的秋天开始了，那可真是迷人的景色呀！从文字结构上看，"秋"字是由"禾"与"火"组成，是禾谷成熟的意思。秋天是丰收的季节，大家知道秋天应当吃什么蔬菜吗？小朋友们，蔬菜是我们生长过程中不可缺少的好朋友，今天让我们一起去认识不同的蔬菜，并体验神奇的蔬果拓印艺术吧！

活动目标

（1）引导幼儿从形状、颜色、味道等观察蔬菜的特征。

（2）使幼儿知道蔬菜营养丰富，要多吃蔬菜，养成不挑食的好习惯。

★☆工具☆★　画纸、蜡笔、水粉颜料、纸盘、蔬菜切片若干

1 首先将吸水性好的白纸铺在桌面上，然后在纸盘里倒入喜欢的颜料。

2 用蔬菜切片均匀地蘸取颜料。

3 按照图示，一只手按住画纸，一只手将蔬菜切片拓印在白纸上。

4 分别拓印不同的颜色后，将颜料自然晾干，用蜡笔美化后，有趣的蔬果拓印画就完成了。

❀ 小贴士：

蘸过颜料的蔬果切片尽量不再蘸其它颜色。

1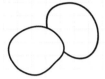

2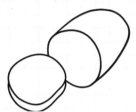

3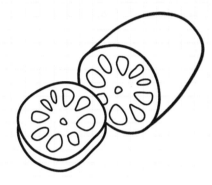

4

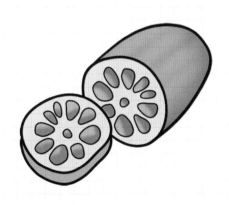

处暑

zhī jié qì

知 节 气

　　处暑，一般在每年的 8 月 23
日前后。"处"字有躲藏、终止的
意思，"处暑"又称"去暑""出
暑"，是反映气温变化的节气，意
味着炎热即将离开，天气逐渐转凉。
处暑之后，秋意渐浓，正是畅游郊
野、欣赏秋景的好时节。

第一候：鹰乃祭鸟

老鹰开始大量捕猎鸟类，并陈列出来，就像在举行祭祀一样。

第二候：天地始肃

天地间万物开始凋零，有了肃杀萧瑟之气。

第三候：禾乃登

"禾"是黍、稷、稻、粱类农作物的总称，"登"即成熟的意思。这个时节，农民伯伯准备开始秋收了。

禾乃登

扫码听故事

暑气至此而止

猜一猜

是虎不是虎，

处暑天还暑。

（打一天气现象）

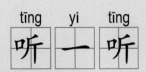

二十四节气歌之处暑

1=B

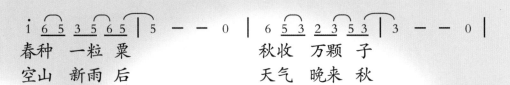

i 6 5 3 5 6 5 | 5 — — 0 | 6 5 3 2 3 5 3 | 3 — — 0 |

春种 一粒 粟　　　秋收 万颗 子
空山 新雨 后　　　天气 晚来 秋

2　3　5 3 1 2 2 | 2 — — 0 | 5 3 2 1 2 3 1 | 1 — — 0 ‖

谁 知 盘中 餐　　　粒粒 皆辛 苦
明 月 松间 照　　　清泉 石上 流

Fine.

i 6 5 3 2 3 5 | 5 — — 0 | 6 5 6 i 6 5 2 5 | 3 — — 0 |

收获季节多美　　好　　　处暑风景多 美　　妙

妈妈，你看好美啊！（诵读）‖ D.C.

12

秋词
qiū cí

[唐] 刘禹锡

自古逢秋悲寂寥，
zì gǔ féng qiū bēi jì liáo

我言秋日胜春朝。
wǒ yán qiū rì shèng chūn cháo

晴空一鹤排云上，
qíng kōng yí hè pái yún shàng

便引诗情到碧霄。
biàn yǐn shī qíng dào bì xiāo

赏析　从古至今，每逢秋天都会感到悲凉、寂寥，我却认为秋天比春天还好呢！万里晴空，一只鹤直冲云霄推开层云，也激发我的诗情飞到了蓝天上。

jié qì yuán
节气园

虽说处暑已至，一年中最炎热的时候将一去不复返。可是总有一些"顽固分子"紧紧抓住夏天的尾巴不放，它们就是"秋老虎"！可能是因为"一只老虎没有尾巴"，所以它才要抢别人的"尾巴"吧！"秋老虎"一来，天气就会又热起来，小朋友们能否在脑海中想象出它凶猛的样子呢？

活动目标

（1）引导幼儿探索"秋老虎"的秘密。

（2）培养幼儿按步骤有顺序地认真做事的良好习惯。

★☆工具☆★　　正方形彩纸、笔

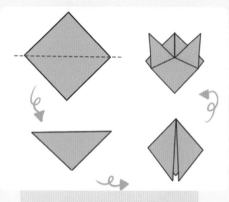

1 首先将正方形的纸对折，折叠两边的角，然后把折下来的角再向上折叠。

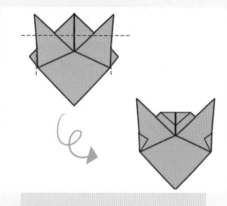

2 按照图示，沿虚线处折叠。

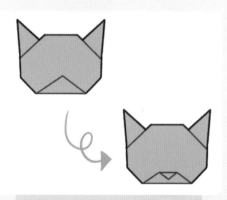

3 把开口的三角，上层向上折叠两次，下层向后折叠。

4 涂绘后，可爱又简单的老虎头折纸就完成了。

❀ 小贴士：

秋老虎是指立秋后的短期回热天气，一般发生在8月份，每年秋老虎的时间长短不一。

白露

知节气

白露，一般在每年的9月8日前后。白露之后，气温下降速度加快，天气逐渐转凉，是一年中昼夜温差最大的时节。夜晚，空气中的水汽接触到地面或花草时，便会迅速凝结成晶亮的露珠。古人以"白"形容秋露，因而得名"白露"。

白露

识物候
shí wù hòu

三候为一个节气
五日为一候

第一候：鸿雁来

　　北方天气渐冷，大雁开始飞往南方过冬。

第二候：玄鸟归

　　燕子也纷纷启程飞往南方避寒。

第三候：群鸟养羞

　　很多不用迁徙的鸟，开始储备食物准备过冬。

鸿雁来

扫码听故事

天冷露凝白茫茫

猜一猜

晶莹透明像水晶，千颗万颗落草坪。

夜晚来，天明去，又爬又滚真顽皮。

（打一自然现象）

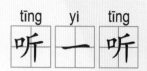

二十四节气歌之白露

1=C $\frac{4}{4}$

3	5	2 3	5		6 5	3 5	3	—	
白	露	白茫	茫		叶子	绿油	油		

2	1	2	5		2	3	2 2	0	
每	天	洗	澡		爱	干	净		

3	5	6 5	3		i 6	5 6	3	—	
白	露	白茫	茫		早晚	凉悠	悠		

2	1	2	5		2	3	2 2	0	
每	天	洗	澡		爱	干	净		

3 5	2 3	5 6	3		6 5	6 i	6 5	3	
一滴	两滴	小露	水		晶莹	剔透	亮晶	晶	

2 1	2 1	2 3	5		3 2	3 2	2 3	3	
滴答	滴答	滴滴	答		答滴	答滴	滴滴		

1	—	—	—	
答				

扫码唱童谣

20

凉夜有怀
liáng yè yǒu huái

［唐］白居易

清风吹枕席，
qīng fēng chuī zhěn xí

白露湿衣裳。
bái lù shī yī sháng

好是相亲夜，
hǎo shì xiāng qīn yè

漏迟天气凉。
lòu chí tiān qì liáng

赏析　　清风吹着枕席，白露打湿了衣裳。就在这个清风和枕席、白露和衣裳相互亲近的夜，晚来的更漏声告诉我天气已经转凉了。

节气园

"白露秋分夜，一夜凉一夜。"进入白露节气后，气温下降速度逐渐加快，暑气渐渐消失殆尽。此时应及时添加衣物，以免着凉。大雁也感知到气温的变化，成群结队地自北方飞向南方，以避寒冬。小朋友们知道大雁是怎么飞的吗？在大雁迁徙的季节，仰望天空，或许你会看见大雁变换队形、翩翩起舞呢！

活动目标

（1）引导幼儿对折纸艺术的兴趣。
（2）启发幼儿概括动物的基本形状。

★☆工具☆★　彩纸、笔、儿童剪刀

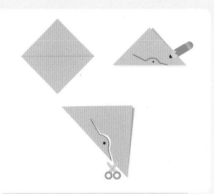

1 首先把彩纸沿着对角线折叠，然后画出大雁的头部，沿着画线剪出大雁的头部。

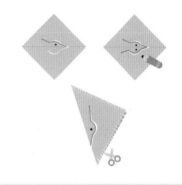

2 把彩纸打开，另一面也画出大雁的头部，然后把纸再次折叠，沿着边缘剪出细细的流苏。

3 将大雁头部的对角剪开，并剪出一个小口，然后单层往后翻折，把剪好的小口卡在后面。

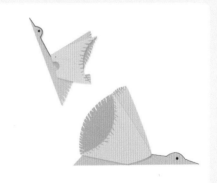

4 另外一边用同样方法操作，整理后，一只展翅欲飞的大雁就做好了。

✿ 小贴士：
　折纸完成后顺便给孩子讲讲大雁迁徙的生活习性，以及大雁为什么排成队列飞行。

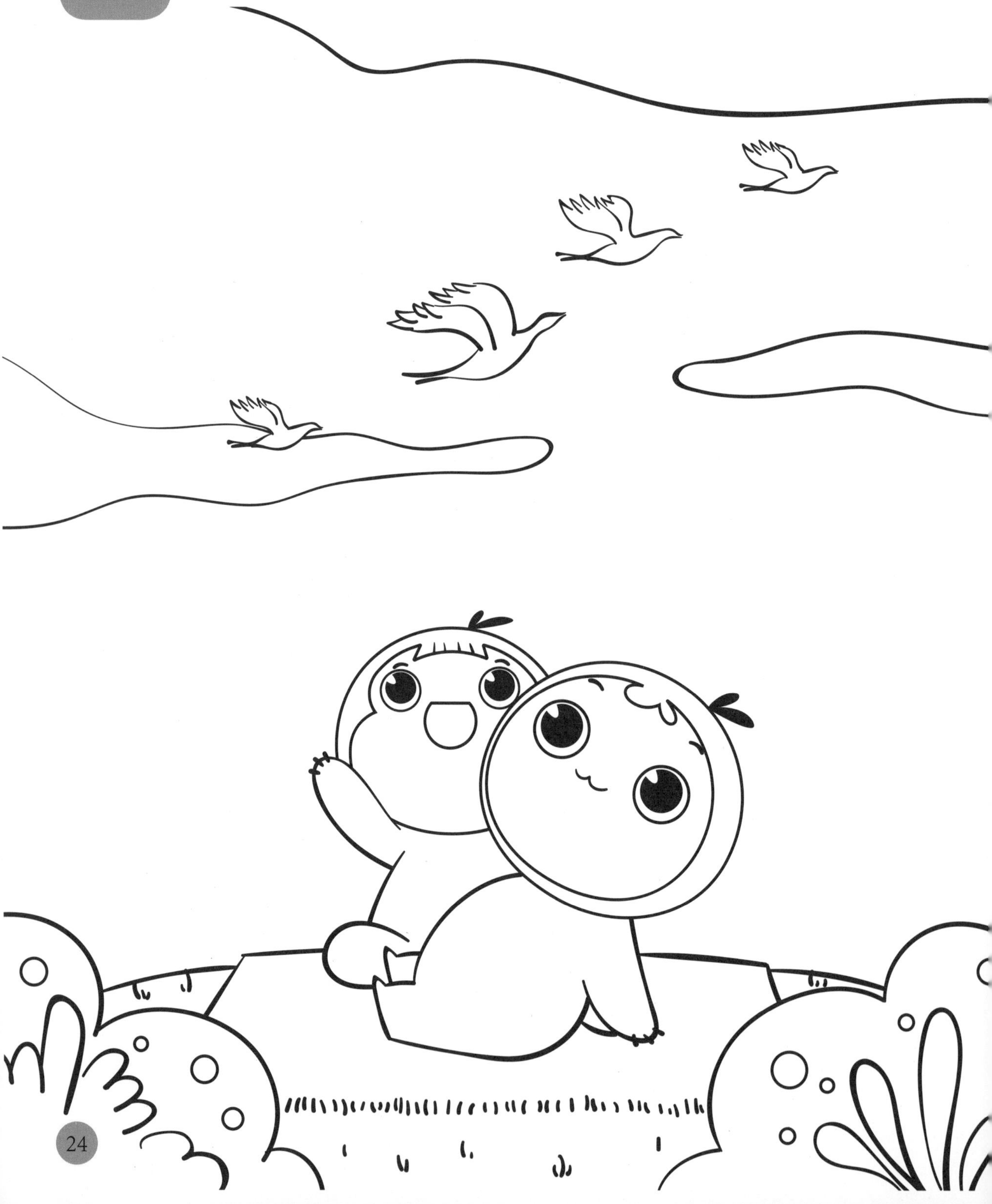

1

2

3

4

秋分

zhī jié qì
知 节 气

秋分，一般在每年的 9 月 23 日前后。秋分这一天同春分一样，地球绝大部分地区，白天和黑夜的时间一样长。秋分还有平分秋季的意思。秋分后，北半球开始白天渐短，黑夜渐长，气温下降速度明显加快。

26

识物候

第一候：雷始收声

秋分后，阴气开始上升，不会再打雷。

第二候：蛰虫坏 [pī] 户

由于天气变冷，蛰居的小虫开始把居住的洞穴堵塞起来，防止寒气侵入。

第三候：水始涸 [hé]

由于降雨减少，天气干燥，水汽蒸发快，所以湖泊与河流中的水量变少，沼泽及水洼干涸。

水始涸

猜一猜

圆圆形状花样多，
中秋佳节庆团圆。
（打一中秋食品）

扫码听故事

中国人的丰收节

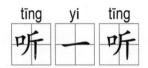

二十四节气歌之秋分

1=C $\frac{4}{4}$

1 2 3 5 | 6 3 5 5 0 | 6 5 3 2 3 5 3 | 3 — 0 0 |

秋分 白云　　满天飞　　秋叶 落成 堆

5 3 5 6 | 7 6 3 3 2 | 1 2 5 3 2 1 | 1 — 0 0 |

梨子 甜甜　　挂枝头　　桂花 香满　楼

2· 1 2 3 | 5 5 5 6 5 5 — | 6 i 6 5 3 | 3 — 0 0 |

二宝 四妞　早起 忙　　秋高 天气 爽

2· 1 2 3 | 5 5 5 6 5 5 3 | 2 3 5 3 2 1 | 1 — 0 0 |

日落 归来　点兔 灯　　圆月 又当 空

i 0 6 i 6 5 | 5 5 6 3 3 — | 2 2 3 5 3 2 | 1 — 0 0 ‖

只 爱秋日　无限 好　　无　限　好

芙蓉楼送辛渐
fú róng lóu sòng xīn jiàn

［唐］王昌龄

寒雨连江夜入吴，
hán yǔ lián jiāng yè rù wú

平明送客楚山孤。
píng míng sòng kè chǔ shān gū

洛阳亲友如相问，
luò yáng qīn yǒu rú xiāng wèn

一片冰心在玉壶。
yí piàn bīng xīn zài yù hú

赏析

寒冷的秋雨在夜幕中洒落，雨水与江面连成一片。清晨，当我送别友人的时候，感到自己就像楚山一样孤独寂寞。洛阳的亲友如果询问我的近况，请转告他们，我的心依然像玉壶里的冰一样纯洁透明。

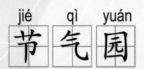

　　秋分是收获的大好时节，桂花盛开，瓜果飘香，空气中弥漫着秋天的味道。一年一度的中秋佳节快到了，大人们开始忙碌起来。现在的"中秋节"是由古时的"祭月节"演变而来的。每到这一天，全家人都会聚在一起吃月饼、赏月。小朋友，卷起袖子，一起来做月饼吧！

活动目标

（1）了解中秋节的来历和习俗，传承中华传统节日文化。

（2）发散幼儿思维，在月饼上刻画自己想要的图案。

★☆工具☆★　超轻黏土（黄色、棕色）、黏土小工具

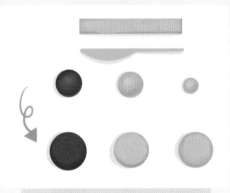

1 按照图示，用黏土制作出大小不同的圆球和长条形，然后把圆球压成圆片，分别作为月饼的馅儿和面儿。

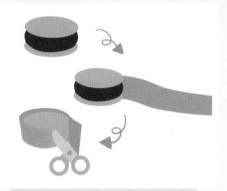

2 将棕色圆片夹在黄色圆片之间，黄色长条贴在叠片侧边，剪去多余的长条。

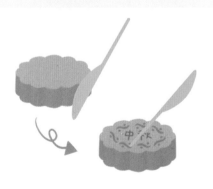

3 用黏土工具沿月饼侧边竖向压线，制作月饼的花边；在月饼正面绘制月饼的图案。

4 将月饼摆入盘中，是不是感觉可以以假乱真了呢？

❀ 小贴士：

黏土本身安全无毒，但其成分中含有防腐剂，故避免 3 岁以下孩子独立玩耍，以免孩子误食。

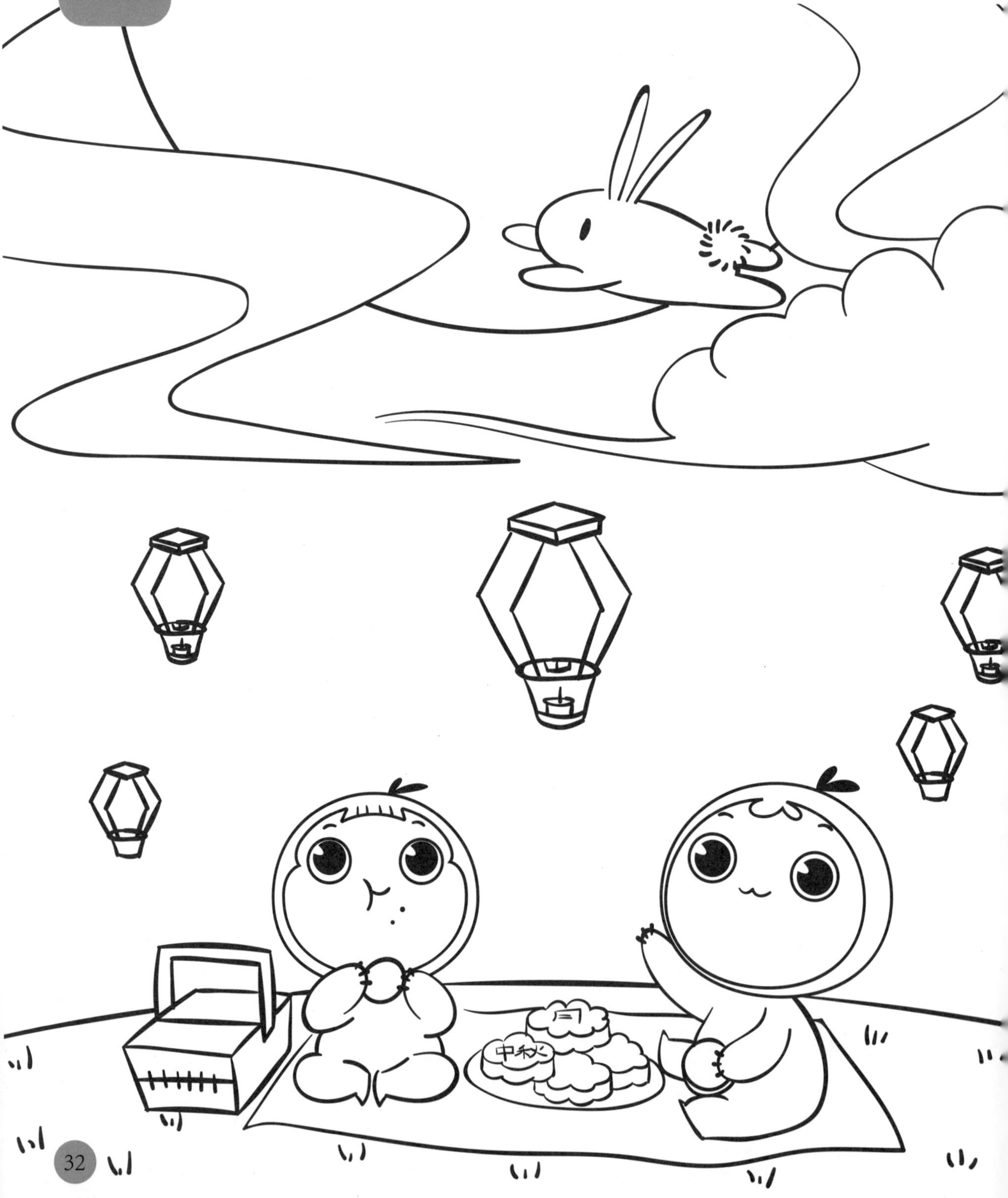
中秋

1

2

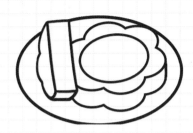

3

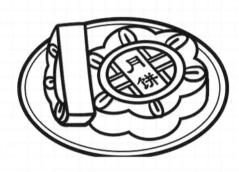

4

寒露

zhī jié qì
知节气

　　寒露，一般在每年的10月8日前后。寒露时气温比白露时更低，地面的露水更冷，快要凝结成霜了，标志着天气由凉爽向寒冷过渡。寒露时节是观赏红叶的好时候，萧瑟的秋风，催红了山上的枫叶，漫山的红叶犹如一团团火焰在燃烧。

识物候

第一候：鸿雁来宾

大雁南迁的途中，偶尔会停下来休息，就像远道而来的宾客一样。

第二候：雀入大水为蛤 [gé]

天气寒冷，雀鸟也躲藏起来，而条纹及颜色与雀鸟相似的蛤蜊却在此时大量繁殖，古人便误以为蛤蜊是雀鸟变成的。

菊有黄华

第三候：菊有黄华

深秋时节，菊花盛开。菊花是我国十大名花之一，在中国已有三千多年的栽培历史，品种已达千余种。

猜一猜

瓣儿红、瓣儿黄，不怕风、不怕寒，秋风吹来扑鼻香。

（打一花卉）

扫码听故事

露已寒凉秋意浓

35

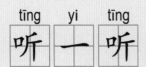

二十四节气歌之寒露

$1=^{\flat}E$ $\frac{3}{4}$

1·2 3 4	5 — —	3·2 1 2	3 1 5	3 1 5
寒露金风 吹		菊花盛开	重阳来	重阳来

6·5 6 1	1 4 3	2·6 7 1	2 — —
二宝登高	四妞念	采菊东篱	下

1·2 3 4	5 — —	6·5 5 3	2 3 2	2 3 2
寒露秋意 浓		菊花盛开	重阳来	重阳来

6·5 6 1	1 4 3	2 — 6	7 — 2
二宝登高	四妞念	悠 然	见 南

1 — — ‖
山

扫码唱童谣

36

风

fēng

[唐]李峤

解落三秋叶，
jiě luò sān qiū yè

能开二月花。
néng kāi èr yuè huā

过江千尺浪，
guò jiāng qiān chǐ làng

入竹万竿斜。
rù zhú wàn gān xiá

赏析　风能吹落秋天树上金黄的树叶，能吹开春天的美丽鲜花。刮过江面能掀起千尺巨浪，吹进竹林能使万棵翠竹倾斜。

寒露时节，秋意正浓，花草渐渐少了，鸟兽也开始藏起来了！调皮的秋风吹拂过大家的脸庞，带来一阵阵清香。原来有一位"花仙子"在秋风中勇敢地绽放，它就是菊花！瞧！一朵朵菊花绽开了笑脸，舒展着花瓣，散发着沁人心脾的芳香。

活动目标

（1）引导幼儿了解菊花的基本特征，感受菊花的美好品质。

（2）培养幼儿爱护花草的良好习惯。

★☆工具☆★　彩纸、绿色扭扭棒、绿胶带、双面胶、儿童剪刀

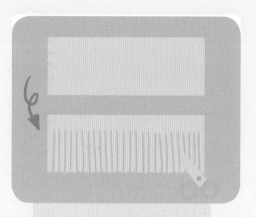

1 首先将彩纸剪裁成长方形，然后再剪出细细的流苏。

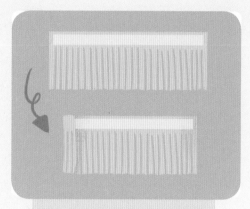

2 在未剪的位置贴上双面胶，然后卷起来，用双面胶粘贴固定。

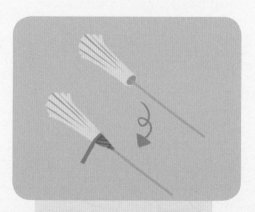

3 把绿色扭扭棒插进底部，再用绿胶带缠绕做出花萼。

4 将流苏展开并整理花型，亭亭玉立的菊花就做好了。

❀ 小贴士：

菊花是中国十大名花之一，花中四君子（梅兰竹菊）之一，还被赋予了吉祥、长寿的寓意。

1

2

3

4

霜降

霜降

zhī jié qì
知 节 气

霜降，一般在每年的 10 月 23
日前后。"霜"是空气中的水汽
遇到寒冷天气，凝结于地面或植物
上的白色冰晶。霜降是秋季的最后
一个节气，意味着冬季即将开始，
此时，草木开始枯黄掉落，大地呈
现出一派深秋的景象。

识物候
shí wù hòu

三候为一个节气
五日为一候

第一候：豺乃祭兽

豺狼捕获了大量猎物，陈列出来慢慢食用。

第二候：草木黄落

气温持续下降，大地上草木枯黄，落叶满地。

第三候：蛰虫咸俯

需要冬眠的动物开始在洞中不动不食，进入冬眠状态。

蛰虫咸俯

扫码听故事

天气愈冷初霜降

猜一猜

树上挂着小灯笼，绿色帽子盖住头。
身圆底方甜爽口，霜降前后满身红。

（打一水果）

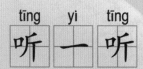

二十四节气歌之霜降

$1=C$ $\frac{2}{4}$ ♩=82

5 5 3 | 5 5 2 | 3 2 1 6 | 6 1 2 | 6 6 3 | 5 5 2 |

小霜 花　小霜 花　闪闪发光 乐哈 哈　挥挥 手　哗啦 啦

3 2 1 2 | 5 6 5 ‖: 5 5 3 | 5 5 2 | 3 2 1 6 | 6 1 2 |

秋天秋天 再见 啦　柿子 红　柿子 红　树上挂着 小灯 笼

哗啦 啦　哗啦 啦　哗啦啦啦 啦啦 啦

1.3

6 6 3 | 5 5 2 | 3 2 1 2 2 | 1 2 | 1 — | 1 — :‖

挥挥 手　哗啦 啦　秋天秋天 　再见 啦　　　　　　D.S

哗啦 啦　哗啦 啦

2.

3 2 1 2 | 2 | 1 2 | 1 — | 1 — :‖

哗啦啦啦 啦 啦啦 啦　　　　D.C

扫码唱童谣

44

枫桥夜泊
fēng qiáo yè bó

〔唐〕张继

yuè luò wū tí shuāng mǎn tiān
月落乌啼霜满天，

jiāng fēng yú huǒ duì chóu mián
江枫渔火对愁眠。

gū sū chéng wài hán shān sì
姑苏城外寒山寺，

yè bàn zhōng shēng dào kè chuán
夜半钟声到客船。

赏析　月亮落下去了，乌鸦不停地啼叫，茫茫夜色中似乎弥漫着满天的霜华。对着岸边的枫树和江中闪烁的渔火，愁绪使我难以入眠。姑苏城外寒山寺，那半夜报时的定夜钟声悠悠传出，我乘坐的客船正在停泊。

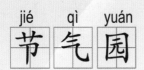

节气园

  转眼间已经到了霜降节气，过完这个节气，冬天就要登陆啦！秋姑娘在离别之际，抖了抖衣裙，将五颜六色的落叶撒向人间，黄的如金、红的如火……这些树叶都有着独一无二的美，是秋姑娘带给我们最珍贵的礼物。小朋友们，在这秋末时节，让我们一起走到户外，寻找并收集秋姑娘的礼物吧！

活动目标

（1）引导幼儿观察树叶的基本特征（颜色、形状、大小等），认识不同的树叶。
（2）学习用不同形状的树叶进行拼图、组合，并能表现出物体的主要形象特征。

★☆工具☆★　树叶若干、画纸、双面胶、儿童剪刀

1 首先将捡回来的树叶清理干净，然后在书里夹2～3天。

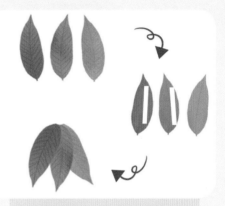

2 找出三片接近的树叶贴上双面胶，作为秋姑娘的裙子。

3 按照图示，剪出贴画的各个部分：头部、帽子、背部、手臂、袖子、小扇子。然后贴上双面胶。

4 依次粘贴在画纸上后，有趣的树叶贴画就做好了。

❀ 小贴士：
　拼贴的时候要考虑树叶的纹理和形状，你也可以制作出漂亮的树叶贴画。

1

2

3

4

看图识节气

1 □□

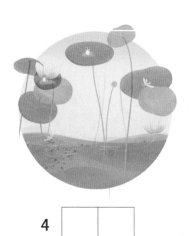

2 □□

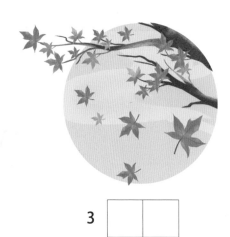

3 □□

4 □□

5 | | |

6 | | |

7 | | |

8 | | |

节气宝贝
国学探索系列

GEI HAIZI DE
JIEQI YOUSHENGSHU
DONG

给孩子的节气有声书

冬

节气宝贝 / 编绘

化学工业出版社

·北京·

二十四节气蕴藏着中国古人洞悉天地的智慧和感悟，揭示了大自然的无限奥秘，包括季节变化、温度变化、降水变化、物候现象。对于2～6岁的孩子来说，感知自然，与自然融洽相处，建立起一种稳定的精神链接，是孩子认识世界、认识自己的第一步。

这里有通俗易懂的节气知识；

这里有清新可爱的节气插画；

这里有优美动听的节气儿歌；

这里有轻松有趣的节气故事；

这里有精心选取的与节气相关的古诗和谜语；

这里有特别设置的新颖好玩的手工和绘画。

《给孩子的节气有声书》，让孩子在探索二十四节气的过程中，全方位感受中华民族传统文化的博大精深，了解自然规律和生命哲学，开启国学启迪和艺术启蒙，并以此激发小朋友的好奇心和想象力，引导孩子热爱自然、热爱生活！

图书在版编目（CIP）数据

给孩子的节气有声书. 冬 / 节气宝贝编绘. —北京：化学工业出版社，2020.1

（节气宝贝国学探索系列）

ISBN 978-7-122-35545-4

Ⅰ. ①给… Ⅱ. ①节… Ⅲ. ①冬季－儿童读物 Ⅳ. ① P193-49

中国版本图书馆 CIP 数据核字（2019）第 238373 号

责任编辑：崔俊芳　　　　　　　　　　装帧设计：史利平
责任校对：边　涛

出版发行：化学工业出版社（北京市东城区青年湖南街 13 号　邮政编码 100011）
印　　装：北京宝隆世纪印刷有限公司
787mm×1092mm　1/16　印张 14　字数 196 千字　2020 年 5 月北京第 1 版第 1 次印刷

购书咨询：010-64518888　　　　　　售后服务：010-64518899
网　　址：http://www.cip.com.cn
凡购买本书，如有缺损质量问题，本社销售中心负责调换。

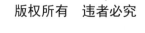

写在前面的话

二十四节气是中国人通过观察太阳周年运动，认知一年中时令、气候、物候等方面变化规律所形成的知识体系和社会实践。中国古人将太阳周年运动轨迹划分为24等份，每一等份为一个节气，统称"二十四节气"，包括：立春、雨水、惊蛰、春分、清明、谷雨、立夏、小满、芒种、夏至、小暑、大暑、立秋、处暑、白露、秋分、寒露、霜降、立冬、小雪、大雪、冬至、小寒、大寒。在国际气象界，二十四节气被誉为"中国的第五大发明"。

2016年11月，二十四节气被列入联合国教科文组织人类非物质文化遗产代表作名录。

二十四节气的每个节气都蕴藏着中国古人洞悉天地的智慧和感悟。它揭开了大自然的无限奥秘，包括季节变化、温度变化、降水变化、物候现象，引领人们辨春花、探夏虫、赏秋叶、看冬雪等。大自然是这样多姿多彩、和谐生动，引导孩子回归自然、关注本真，何尝不是在唤起孩子心中至真至美的感受，让他们在感知大自然中懂得这个世界的美好。

立春之际，蛰居的虫儿慢慢苏醒，鱼儿缓缓游动；雨水润物细无声，树梢的枝叶开始抽出嫩芽；夏季蝉鸣，秋季丰收，冬季蛰伏……四季轮回，时间更替，引导孩子拥有对规律的认知，所以更加自信和向上。对于2~6岁的孩子来说，感知自然，与自然融洽相处，建立起一种稳定的精神链接，是孩子认识世界、认识自己的第一步。

有着两千多年历史的二十四节气，如同给了我们一幅探寻文化宝藏的时空图，包含着自然的奥秘、时间的奥秘、生命的奥秘；中国二十四节气更是中华民族传统文化的结晶，属于全人类的非物质文化遗产，每一个节气背后的故事与习俗都有着独特的韵味，值得人们深入其中去探寻。相信这个充满趣味的节气世界，会在孩子的成长路上留下很多美好，伴随他们快乐成长。

节气宝贝在这里，等待着和大家一起去探索！

目录

二十四节气歌

春雨惊春清谷天

夏满芒夏暑相连

秋处露秋寒霜降

冬雪雪冬小大寒

扫码唱童谣

立冬

知节气
zhī jié qì

　　立冬，一般在每年的 11 月 7 日或 8 日。立冬是冬季的第一个节气，古籍《月令七十二候集解》中对"冬"的解释是："冬，终也，万物收藏也。"意思是说秋季作物要收藏入库，动物也已藏起来准备冬眠。我国幅员辽阔，各地气候不同，冬季并不都是从立冬开始的。

立冬

三候为一个节气
五日为一候

第一候：水始冰

　　北方部分地区的水面开始结冰。

第二候：地始冻

　　气温降低，土壤中的水分也开始结冰，土地变得硬邦邦的。

第三候：雉 [zhì] 入大水为蜃 [shèn]

　　雉是指野鸡，蜃是指大蛤蜊。天冷了，野鸡不见了，而海边却出现外壳与野鸡的线条及颜色相似的大蛤蜊，古人便误以为大蛤蜊是野鸡变成的。

水始冰

猜一猜

小小家伙摘果胚，
常拿尾巴当棉被。
（打一动物）

扫码听故事

欢迎冬天来报到

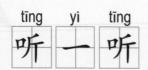

听一听

二十四节气歌之立冬

1=D $\frac{6}{8}$

3	3	3·	2	3	1·	6	5	6	1·	2	3	2·
咚	咚	咚	立	冬	到	锅	里	水	饺	热	气	冒

5	5	5·	2	3	1·	4	3	4	1·	2	3	2·
咚	咚	咚	立	冬	到	暖	意	融	融	真	热	闹

5	5	5·	6	5	3·	4	3	4	1·	2	3	2·
咚	咚	咚	立	冬	到	戴	上	围	巾	和	手	套

1	6	1	2	3·	2·	1·	1·
欢	迎	冬	天	来	报	到	

扫码唱童谣

4

赠刘景文
zèng liú jǐng wén

[宋] 苏轼

荷尽已无擎雨盖，
hé jìn yǐ wú qíng yǔ gài

菊残犹有傲霜枝。
jú cán yóu yǒu ào shuāng zhī

一年好景君须记，
yì nián hǎo jǐng jūn xū jì

正是橙黄橘绿时。
zhèng shì chéng huáng jú lǜ shí

赏析 荷花凋谢，连那擎雨的荷叶也枯萎了，只有那开败了菊花的花枝还傲寒斗霜。一年中最好的景致你一定要记住，最美的景色是在秋末冬初橙黄橘绿的时节啊！

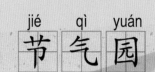

节气园

立冬节气悄悄来临，冬爷爷正式敲开我们家门啦！小朋友们要把手套、围脖、帽子都准备好，防止小脸小手小耳朵被痛得通红呀！我们人类通过添加衣物御寒，自然界的动物是如何御寒呢？冬眠动物存食物睡大觉呗！比如可爱的小松鼠，往树洞里塞满松果，就躲在暖和的家里！既然冬天看不到它们，我们就自己变出小松鼠，好不好？

活动目标

（1）通过手工制作增进手眼协调能力。

（2）运用材料粘贴、裁剪，创作立体造型。

★☆工具☆★　纸筒、彩色卡纸、儿童剪刀、胶水、笔

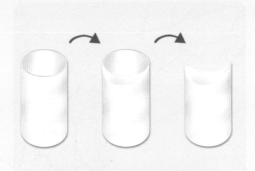

1 按照图示，将纸筒的一端做成两边翘起的样子。

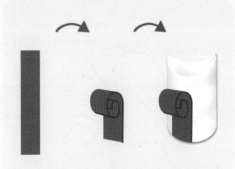

2 在彩色卡纸上剪出小松鼠的尾巴，卷起粘在纸筒的一侧。

3 用不同颜色的彩色卡纸剪出小松鼠的四肢、脸、鼻子，分别用胶水粘在纸筒对应位置上。

4 用笔画出眼睛和嘴巴后，一只萌萌哒的小松鼠就做好了。

❀ 小贴士：

按照这个方法，纸筒还可以制作很多可爱的小动物，小朋友自己试一试吧！

1

2

3

4

小雪

知节气
zhī jié qì

小雪，一般在每年的 11 月 22 日前后。小雪是反映天气现象的节气，此时，我国北方部分地区将迎来第一次降雪，但雪量不大，且落地容易融化，还不能形成明显积雪。南方大部分地区的人们也有了冬天的感觉。

识 物 候
shí wù hòu

三候为一个节气
五日为一候

第一候：虹藏不见

　　彩虹是雨后空气中飘浮的水汽折射太阳光形成的。寒冷的冬天，降雨变成了降雪，彩虹也就难得一见了。

第二候：天气上升，地气下降

　　天空中的阳气上升，大地中的阴气下降。

第三候：闭塞而成冬

　　万物失去生机，天地闭塞，已转入严寒的冬天。

闭塞而成冬

扫码听故事

小小雪花满天飞

猜一猜

大胖小子白又壮，身体埋在地下长，露出几撮绿头发，轻轻一拨就出来。

（打一蔬菜）

二十四节气歌之小雪

$1=\flat E$ $\frac{2}{4}$

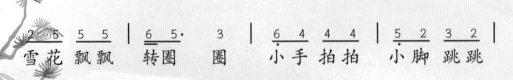

1̲5	5	1̲5·	5	1̲ 2 3̲ 5	6̲ 3·	5

雪花 飘 雪花 飘 落在枝头 唱歌 谣

1̲6 6 | 1̲5· 5 | 4̲ 3 4̲ 1 | 7̲ 1 | 2 |

雪花 飘 雪花 飘 空中飞舞 好热 闹

2̲5 5̲ 5 | 6̲ 5· 3 | 6̲ 4 4̲ 4 | 5̲ 2 3̲ 2 |

雪花飘飘 转圈 圈 小手拍拍 小脚跳跳

0 1̲2̲ 5̲ 3 | 2 3 | 1 — | 1 — |

我爱锻炼 身 体 好

扫码唱童谣

12

夜雪
yè xuě

［唐］白居易

已讶衾枕冷，
yǐ yà qīn zhěn lěng

复见窗户明。
fù jiàn chuāng hu míng

夜深知雪重，
yè shēn zhī xuě zhòng

时闻折竹声。
shí wén zhé zhú shēng

赏析 天气寒冷，诗人在睡梦中被冻醒，惊讶地发现被子枕头有些冰冷。抬眼望去，又看见窗户被映得明亮亮的。这才知道夜间下了一场大雪，不时听到院落里的竹子被雪压折的声音。

jié qì yuán
节 气 园

小雪节气意味着气温下降到可以开出"雪花"了！小朋友一定熟悉开在天空中千朵万朵的"花"！其实，家里还有一种花儿也在绽放，它们就是水仙花，文静乖巧又美丽。那么，小朋友，你能自己制作水仙花吗？让我们一起来试试吧！

活动目标

（1）增进手眼协调能力。

（2）运用不同材料粘贴、裁剪，运用综合材料的组合进行创作。

（3）感受小雪时节植物的变化。

★☆工具☆★　皱纹纸（白色、黄色、绿色）、花蕊、花艺铁丝、绿胶带、剪刀、胶水、笔

1 首先用白色皱纹纸剪出6片花瓣，然后粘在一起；用黄色皱纹纸剪出3厘米×4厘米的长方形，用笔卷成圆柱体，并把顶部向外拉伸展开。

2 依次将花蕊、黄色圆柱体、花瓣，用绿胶带缠绕固定在铁丝一端。

3 用绿色皱纹纸剪出水仙花叶子，用绿胶带缠绕固定在铁丝底部。

4 整理花型后，清秀典雅的水仙花就做好了。

❀ 小贴士：

花艺铁丝比较尖锐，有一定的危险性，需在成人监督下使用。

17

大雪

知节气 zhī jié qì

大雪，一般在每年的 12 月 7 日左右。相对于小雪来说，此时天气更加寒冷，降雪的可能性也更大。大雪时节，我国北方大部分地区已经是银装素裹，孩子们在雪地里欢乐地堆雪人、打雪仗，玩得不亦乐乎！

识物候
shí wù hòu

三候为一个节气
五日为一候

第一候：鹖[hé]鴠不鸣

鹖鴠，就是寒号鸟。天气寒冷，就连爱叫的寒号鸟也躲进洞里不叫了。

第二候：虎始交

老虎开始有求偶交配的行为。

第三候：荔挺生

荔挺是一种野生兰草，生长于大雪时节。

荔挺生

扫码听故事

大大雪人站起来

猜一猜

小白花，飞满天，
落到地上似白面，
落到水里看不见。

（打一自然现象）

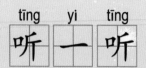
二十四节气歌之大雪

1=C $\frac{4}{4}$

3 3 3 3 6 3 | 2 3· 2 1 | 1 1 1 1 4 1 | 3 4· 3 — |
小小的雪球呀 滚 起 来　　大大的雪人呀 站 起 来

3 3 3 6 3 1 | 2 3· 2 1 | 1 1 1 1 4 1 | 7· 7· 6· — |
身穿着一件呀 白 棉 袄　　圆圆的脸儿呀 真 可 爱

6 3 3 6 7 7 | i i· 7 — | 6 6 5 6 5 2 | 3 4· 3 — |
小小的雪球呀 滚 起 来　　大大的雪人呀 站 起 来

3 6 3 3 6 3 | 2 3· 2 1 | 1 4 3 7· | 7· 7· 6· — ‖
雪人呀雪人呀 握 个 手　　我们 都是 好 朋 友

扫码唱童谣

féng xuě sù fú róng shān zhǔ rén
逢雪宿芙蓉山主人

[唐] 刘长卿

rì mù cāng shān yuǎn
日暮苍山远，

tiān hán bái wū pín
天寒白屋贫。

chái mén wén quǎn fèi
柴门闻犬吠，

fēng xuě yè guī rén
风雪夜归人。

赏析　夜幕降临，青山在夜色中显得更加遥远。天气寒冷，使这所贫困人家的茅草屋显得更加简陋。忽然，柴门外传来犬吠的声音，原来是这家主人冒着风雪归来了。

节气园

温度凉，雪将下，雪花姐姐心肠好，送来片片白鹅毛，小树小草穿棉袄。"大雪"比它的妹妹"小雪"更勇敢，为什么呢？因为雪花姐姐来人间游玩的可能性大一点，没有妹妹那么害怕。小朋友们，你们喜欢这些雪花吗？让我们一起动起手来，制作出朵朵雪花吧！

活动目标

（1）认识方形、三角形等不同形状。
（2）感受大雪时节自然现象的变化。

★☆工具☆★　正方形彩纸、儿童剪刀、笔

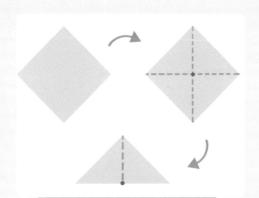

1 首先把正方形彩纸对折，折好后，找到对折线的中心点。

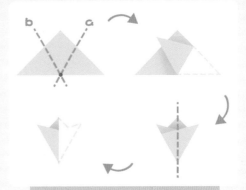

2 按照图示，沿虚线 a 向前折叠，再沿虚线 b 向后折叠，然后将彩纸对折。

3 在折好的彩纸上画出图案，然后用剪刀沿所画图案剪掉外部多余的部分。

4 展开，六角雪花就出现了。

❀ 小贴士：
诗词中"千里冰封，万里雪飘。"说的便是北方地区独有的冬日风光。

1

2

3

4

冬至

zhī jié qì
知 节 气

　　冬至，一般在每年的 12 月 22 日前后。冬至是一年中白天最短、夜晚最长的一天。冬至后，北半球开始白天渐长，黑夜渐短，所以有"吃了冬至面，一天长一线"的说法。冬至和夏至一样都是二十四节气中最早制定出的节气，冬至也是一个重要的传统节日。

三候为一个节气

五日为一候

第一候：蚯蚓结

　　土中的蚯蚓蜷缩着身体。

第二候：麋【mí】角解

　　雄性麋鹿的角每年 12 月份脱落一次。雌性麋鹿没有角。

第三候：水泉动

　　泉水开始流动了，并且是温热的。

麋角解

扫码听故事

白天最短的宝宝

猜一猜

雪白一群鹅，湖里来游过。

嘴家门前过，肚家门前落。

（打一食物）

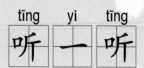

二十四节气歌之冬至

1=D $\frac{4}{4}$

$\underline{6\cdot\,5}$	$\underline{3\ 5}$	$\underline{6\ 3}$	6	$\underline{5\ 3}$	$\underline{2\ 3}$	$\underline{5\ 6}$	3
冬至	饺子	像小	船	一排	一排	连起	来

$\underline{2\ 6}$	$\underline{2}$	$\underline{2\ 6}$	2	$\underline{3\ 2}$	$\underline{3\ 2}$	$\underline{3\ 4}$	3
游 啊 游		游 啊 游		放在	水中	飘起	来

$\underline{6\cdot\,5}$	$\underline{3\ 5}$	$\underline{6\ 3}$	6	$\underline{5\ 3}$	$\underline{2\ 3}$	$\underline{5\ 6}$	3
冬至	饺子	像小	船	放在	水中	飘起	来

$\underline{2\ 6}$	$\underline{2}$	$\underline{2\ 6}$	2	$\underline{3\ 2}$	$\underline{3\ 2}$	3	7
游 啊 游		游 啊 游		暖暖	和和	吃	一

6 — 0 0 ‖
碗

扫码唱童谣

28

hán dān dōng zhì yè sī jiā
邯郸冬至夜思家

[唐] 白居易

hán dān yì lǐ féng dōng zhì
邯郸驿里逢冬至，

bào xī dēng qián yǐng bàn shēn
抱膝灯前影伴身。

xiǎng dé jiā zhōng yè shēn zuò
想得家中夜深坐，

hái yīng shuō zhe yuǎn xíng rén
还应说着远行人。

赏析

我居住在邯郸客栈的时候，正好是农历冬至。夜晚，我抱着双膝坐在灯前，只有影子与我相伴。我相信，家中的亲人今天会相聚到深夜，还应该谈论着我这个远行人。

29

节气园
jié qì yuán

　　谚语道："冬至不端饺子碗，冻掉耳朵没人管。"在我国北方地区，每到冬至这一天，家家户户都有吃饺子的习俗。小朋友们自己包过饺子吗？没有包过也没关系，现在我们就开始！拿出彩纸和剪刀，咱们一起包彩色饺子！

活动目标

（1）锻炼孩子精细动作，增进手眼协调能力。

（2）了解中国传统食品，感受冬至时的民俗。

★☆工具☆★　　正方形彩纸、胶水

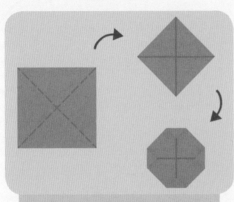

1 首先把准备好的边长为 10 厘米的正方形彩纸对折，折出折痕，然后将 4 个角往中间对折，接着再把 4 个小角向上折叠。

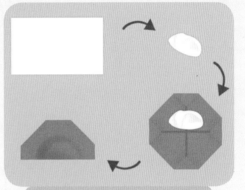

2 取一张纸揉成椭圆状，作为饺子馅，然后把做好的馅放在饺子皮的一边。注意不要放在中间。

3 用胶水黏合饺子皮，然后从中间来捏褶，捏的时候两只手同时向反方向捏，一只手往前折，另一只手往后折。

4 给饺子捏完褶后，彩色饺子就包好了。摆在盘子里，看着是不是很美味的样子？

❀ 小贴士：

冬至吃饺子的习俗，是为了纪念"医圣"张仲景冬至舍药救人的济世情怀。

1

2

3

4

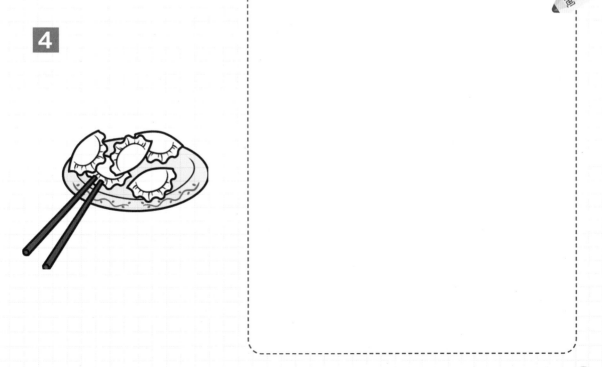

小寒

zhī jié qì
知 节 气

　　小寒，一般在每年的 1 月 6 日前后。小寒是反映气温变化的节气，意味着开始进入一年中最寒冷的时期。根据中国的气象资料，小寒是一年内气温最低的节气，只有少数年份的大寒气温低于小寒。此时也进入了农历一年中的最后一个月——腊月。

识物候

三候为一个节气
五日为一候

第一候：雁北乡

在南方过冬的大雁开始向北方迁移。

第二候：鹊始巢

喜鹊喜欢把巢筑在民宅旁的大树上。搭建一个舒适的小窝，大约要四个月左右的时间，所以小寒时节，喜鹊就开始筑巢了，为来年繁殖下一代做准备。

第三候：雉[zhì]始雊[gòu]

雉是指野鸡，雊是鸣叫的意思。野鸡因感到阳气的生长而开始鸣叫。

鹊始巢

扫码听故事

气温最低冠军

猜一猜

黑褂子，白前襟，
站在枝头报喜讯。

（打一动物）

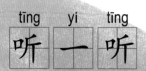

二十四节气歌之小寒

1=D $\frac{4}{4}$

1 2 3 3 | 3 5 5 2 2 | 5 5 5 5 | 5 5 5 5 |

小 梅 花　　你 在 哪　　哒 哒 哒　　哒 哒 哒

5 5 5 5 | 3 2 1 1 | 1 2 3 5 | 5 5 5 |

哒 哒 哒　　哒 哒 哒　　带 着 温 暖　　出　　发

1.

5 6 5 5 | 3 5 3 3 | 2 3 2 3 2 | 1 2 1 1 :|

不 怕 风　　不 怕 寒　　为 大 家 寻 找　　小 梅 花

2.

5 5 5 5 | 3 2 1 1 | 1 2 3 5 | 5 5 5 5 |

哒 哒 哒　　哒 哒 哒　　带 着 力 量　　出　　发

5 5 6 5 | 3 5 3 3 | 2 5 3 3 2 | 1 2 1 1 ‖

小 小 困 难　　我 不 怕　　为 大 家 寻 找　　小 梅 花

扫码唱童谣

梅花
méi huā

[宋] 王安石

墙角数枝梅，
qiáng jiǎo shù zhī méi

凌寒独自开。
líng hán dú zì kāi

遥知不是雪，
yáo zhī bú shì xuě

为有暗香来。
wèi yǒu àn xiāng lái

赏析　　墙角的几枝洁白的梅花，正冒着严寒独自开放。为什么远远看去就知道那不是雪呢？因为有一阵阵清香幽幽飘来。

小寒时节，正是蜡梅盛开的时候。其花朵灿黄如蜡，白雪覆盖着它，远远望去，好似朵朵白云嵌在树枝上，为寒冷的冬季平添了一派生机。小朋友们，熟悉这位寒冬勇士非常有意义！你可以吹出梅花，还可以点出梅花，不相信？试试吧！

活动目标

（1）指导幼儿学习用吹画和点画的方法来表现蜡梅的基本特征。
（2）感受小寒后植物发生的变化。

★☆工具☆★　画纸、颜料（黄色、棕色）、吸管、棉签

1 认识蜡梅，观察蜡梅的基本特征。

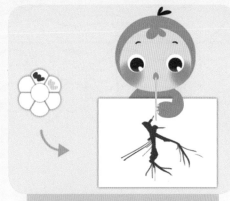

2 将棕色颜料滴一些在画纸下方，用吸管向画纸上方吹颜料；再向不同方向吹颜料，吹出梅花的枝干。

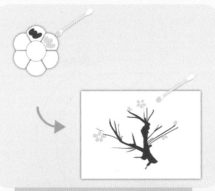

3 用棉签蘸上黄色颜料，点出若干朵蜡梅花。注意蜡梅花要有疏有密，有大有小。

4 晾干颜料，独一无二的蜡梅画就完成了。

❀ 小贴士：
吹画过程中，吸管要倾斜靠近颜料，对准后将颜料吹出去。

1

2

3

4

大寒

zhī jié qì

知 节 气

　　大寒，一般在每年的 1 月 20 日前后。大寒是冬季的最后一个节气，也是二十四节气中最后一个节气，意味着新一轮的二十四节气即将开始。大寒之后，我们将迎来一年中最重要的节日——春节，人们欢欢喜喜除旧布新，大街小巷处处洋溢着浓浓的年味。

识物候

shí wù hòu

三候为一个节气
五日为一候

第一候：鸡始乳

到了大寒节气，母鸡便可以开始孵小鸡了。

第二候：征鸟厉疾

征鸟是指鹰、隼 [sǔn] 等凶猛的飞禽，它们在大寒时节的捕食能力极强，常常盘旋于空中寻找食物，以补充身体的能量抵御严寒。

第三候：水泽腹坚

江河湖泊的水面结冰达到全年最厚程度，就连中间部分都非常坚硬。

鸡始乳

扫码听故事

压轴节气宝宝

猜一猜

一对姐妹花，身穿红褂褂。
各把门一端，净说吉祥话。

（打一节日物品）

43

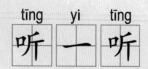

二十四节气歌之大寒

1=C 2/4

| 5 5 | 3 | 6 5 | 3 | 6 5 6 i | 6 5 | 3 |
蹦 蹦 跳 蹦蹦 跳 欢欢 喜喜 新年 到

| 2 3 | 6· | 2 3 | 2 | 1 6 1 2 | 5 3 | 2 |
作个 揖 懂礼 貌 见到 长辈 问声 好

| 5 5 | 3 | 6 5 | 3 | 6 5 6 i | 6 5 | 3 |
蹦 蹦 跳 蹦蹦 跳 欢欢 喜喜 新年 到

| 2 3 | 6· | 2 3 | 2 | 1 6 1 2 | 5 3 2 |
贴春 联 剪窗 花 生活 处处 有欢

| 1 — ‖
笑

扫码唱童评

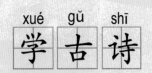
江雪

jiāng xuě

[唐] 柳宗元

千山鸟飞绝，
qiān shān niǎo fēi jué

万径人踪灭。
wàn jìng rén zōng miè

孤舟蓑笠翁，
gū zhōu suō lì wēng

独钓寒江雪。
dú diào hán jiāng xuě

赏析

四周的山上已经没有了飞鸟的踪影，无数道路上也见不到人的踪迹。只有一位披着蓑衣、戴着斗笠的老翁，乘着一叶小舟，在寒冷的江上独自垂钓。

jié qì yuán
节气园

　　大寒过后就是农历的新年，同时也将迎来新一年的节气轮回。快要过年了，家家户户都忙着打扫房屋，收拾庭院，为即将到来的春节做准备。小朋友们想不想送给家人或朋友一件新年礼物——亲手制作的中国结？他们收到这样的礼物一定很开心！你准备好了吗？

活动目标

（1）尝试不同的创作，体验创造的乐趣。

（2）感受民间艺术的独特魅力。

★☆工具☆★　编织线、定位针、垫板

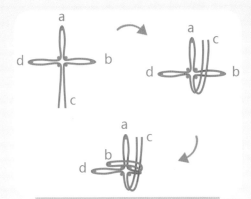

1 首先将绳子摆成十字形，用
定位针固定在垫板上，然后
把绳子 c 压在绳子 b 上面，
把绳子 b 压在绳子 a 上面。

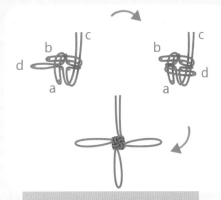

2 把绳子 a 压在绳子 d 上面，
再把绳子 d 从右边穿出；
拉紧并整理基本结。

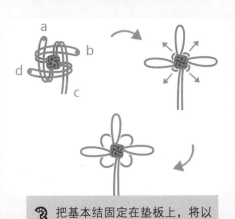

3 把基本结固定在垫板上，将以
上步骤重复一遍，整理中国结。

4 整理后，下面挂上线穗，寓
意平安的中国结就做好了。

🌸 小贴士：
中国结是一种中国特有的手工编织工艺品，代表着团结、幸福、平安。

1

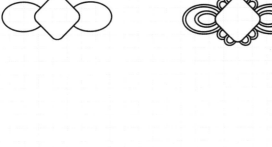

2

3

4

二十四番花信风

我国古代以五日为一候，三候为一个节气。每年冬去春来，从小寒到谷雨这 8 个节气里共有 24 候，每候都有某种花卉绽蕾开放，于是便有了"二十四番花信风"之说。

小寒

第一候	第二候	第三候
梅花	山茶	水仙

大寒

第一候	第二候	第三候
瑞香	兰花	山矾 [fán]

惊蛰

第一候	第二候	第三候
桃花	棣棠 [dì]	蔷薇

春分

第一候	第二候	第三候
海棠	梨花	木兰

在这一记载中，一年花信风梅花最先，楝花最后。经过二十四番花信风之后，以立夏为起点的夏季便来临了。

立春

第一候	第二候	第三候
迎春	樱桃	望春

雨水

第一候	第二候	第三候
菜花	杏花	李花

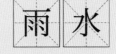

清明

第一候	第二候	第三候
桐花	麦花	柳花

谷雨

第一候	第二候	第三候
牡丹	[tú][mí] 荼蘼	[liàn] 楝花